赵海天 译

小品盆景47例

日本西东社出版社 编
[日] 时崎厚 监修

中原农民出版社
·郑州·

目录
CONTENTS

盆景基础

盆景的观赏方式……6

盆景的魅力……8

① 匠心之美……8

② 选花盆……12

盆景的种类……14

① 松柏盆景……15

② 杂木盆景……16

③ 观花盆景……17

④ 观果盆景……18

⑤ 山野草盆景……19

盆景的树形……20

① 树形的基础知识……20

② 树形的种类……21

松柏盆景

黑松……62

真柏……66

赤松……70

杜松……74

红豆杉……76

柳杉……78

五针松……80

杂木盆景

榉树……86

榔榆……92

三角枫……98

亚洲络石……102

日本紫茎……106

红枫……110

水蜡树……113

豆腐柴……116

野漆树……118

捆石龙……120

红葛……122

紫薇……124

观花盆景

梅花……130

樱花……134

山茶……138

野蔷薇……142

屋久岛胡枝子……144

盆景制作的准备阶段……24

❶ 植物素材……24
❷ 盆景用土……26
❸ 工具……28

盆景的制作技巧……30

❶ 移植……30
❷ 摘芽·切芽……32
❸ 枝叶修剪……34
❹ 缠绕金属丝……36
❺ 繁殖方式……40
分株……40
扦插……41
播种……42
压枝……44
嫁接……45

盆景的管理……46

❶ 放置场所……46
❷ 浇水……48
❸ 施肥……50
❹ 病虫害防治……52

全年作业时间表……54

盆景的陈设……56

❶ 床饰……57
❷ 棚饰……58
❸ 几架……60

观果盆景

粗齿绣球……146
迷迭香……148
皋月杜鹃……150
长寿梅……153
老鸦柿……158
胡颓子……162
真弓……166
石榴……170
垂丝卫矛……172
南蛇藤……174
金银花……176
南五味子……178
落霜红……180
西府海棠……183
卫矛……186
窄叶火棘……189
山橘……192

山野草盆景

伏石蕨……196
虎耳草……197
头花蓼……198
大文字草……199
朝雾草……200
石菖蒲……201
苔玉的制作方法……202

向深奥的盆景世界进发吧！

培育盆景其实很简单！一切盆景皆由娇小的幼苗生长而成。将在山野中或道路两旁捡到的树木果实处理后种下去，或是将庭院树木上的枝杈剪切下来进行扦插，都能够开启一段盆景的旅程。如果从市场上购买来幼苗，则幼苗可在短时间内长大；如果购买到盆景专用的幼苗，则更易培养。买到拥有某种格调的盆景，然后亲自培养，也称得上是乐事一件。

当您踏入盆景的世界，便会发现它的门槛很低，并且内涵丰富。越是深谙树木之道，则越能感受到其间的无穷乐趣。

树木比人类更长寿。在日本，种植于江户时代的盆景现在仍旧活着，茁壮生长，并生长新芽。

在制作盆景时，能够感受到过去与未来的创作过程。在盆景制作上，先辈们积累了大量的技巧和经验。如果认真学习这些基本知识，将这些技巧和当代生活、观赏方式相结合，便能创造出属于自己的盆景世界。

如今，我们能通过各种方式来学习盆景知识。去盆景园独自观赏盆景，参加盆景爱好者协会，通过网络与盆景爱好者交流盆景信息与种植过程中的趣事等。

此外，还可以参加盆景展览会。不仅可以欣赏到前人的作品，还可以展示自己的作品。总之，请选择适合自己的方式来尽情探索盆景的奥秘。

时崎厚

盆景基础

盆景的观赏方式

盆景之乐，乐在观花草，观树木。把盆景的制作分成三个阶段，按部就班地给花草树木营造出可健康生长的『小宇宙』吧。

植物与动物不同，但幼年期、青年期、壮年期、老年期的生命周期划分是相同的。

然而，分辨眼前树木究竟处于哪个生命时期会比较困难，因为植物总在不断生长，新枝与嫩叶生生不息。即使是古树上的新芽，也会以极快的速度生长。树干与各枝杈会在不同时期中同时生长，这便是植物的特征，也是植物那顽强生命力的源泉。

让我们了解植物那独特的生命周期，并分出植物的『培养』期、『创作』期与『提高』期吧。正是因为可同时观赏到树木不同生命周期所展现的美，才会催生出富有生命力的『盆景之美』。

培养

营造植物茁壮生长的环境

为了促进可长成参天大树的树木在小型花盆里生长，需要营造出适宜的生长环境。处于亚健康状态的树木无法成为高品质的盆景。

对于树木而言，适宜的生长环境具备许多共同点，然而却不千篇一律。树木品种不同，生长环境也会不同，各种树木都有独特的个性。有喜阳的树木品种，也有在半背阴处健康生长的树木品种。不同的植物对水、土壤、肥料的需求也各有不同。

虽然考虑了植物的基本特性，但在实践中也要兼顾树木的个性。通过每日对植物的观察，来记住各自的特征，这才是『培养』的基本内容。

提高

感受逐年提升的格调

塑好树形后，接下来便是树形养护，这也是此步骤的核心内容。然而，植物的生长无穷无尽，苗木只有不断生长，才能长成参天大树。

话虽如此，但很难一直进行盆景的养护工作。稍不留神，树形就面目全非，这种现象时有发生。在这种情况下必须当机立断，决定返回原本树形，还是大幅调整树形。因此，需要在每个年份中的每个季节，给植物拍照。这不仅仅是记录，同时也可以更好地观察树木生长的变化，给随之而来的盆景种植提供良好的借鉴。

同时，还可以通过向他人展示自己的盆景，来讨教自己不明白的诸多事情。

创作

了解树木，推敲栽培方法

茁壮生长的树木迎来了青年期，然后便进入了正式的「创作」期。在培养时，可以适度培养「习惯」。树木在青年期到壮年期期间可以承受一定程度的外力，但不能随意施加外力。树形的创作过程不仅仅是一个给树木施加外力的过程，也是培养人员了解树木习性的过程。树木如何储存能量，枝杈如何伸展、如何弯曲，了解得越多，越能与树木和谐共处。

并不是只有培养人员在创作树形，同时也要依靠树木本身的配合才能完成创造。基于这一原则展开联想，徜徉在创作的海洋里，即使当初的构思无法顺利实现，也可以尽情享受这个过程中所带来的乐趣。

盆景的魅力

将大自然之美呈现于小小的花盆中。对于盆景里的树木而言，只有享受到了与大自然中一样的舒适感，才能展现出自身的魅力。

盆景的魅力①

匠心之美

探寻扣人心弦之源，发现匠心之处

在实际制作盆景时，需要拿出一定勇气，既要有自己的审美标准，也要能持之以恒地培育盆景。过去，人们曾错误地认为盆景极其昂贵。受限于这个错误认知，很多人很难分辨出一个盆景作品的好坏。

一个盆景作品好还是不好，最重要的是自己觉得它好不好，其次才是客观的判断标准。如果这个盆景的造型能引发你内心的共鸣，那便是它的最美之处。反之，即使它获得了专业人士的一致好评，但若没有打动你，它就不能算是好作品。

盆景作品凝聚了制作者的智慧和心血，探寻其动人之源，就是去发现其在细节上自然而然展现出来的匠心之美，去细细把玩其令人怦然心动之处。唯有仔细把玩，才能获得视觉上的愉悦，才能将其美好的模样深藏于心。

盆景与一般园艺的不同之处

与盆景相对的一般园艺，在这里主要指盆栽，二者的不同之处在于树木与花盆的关系。在一般园艺工作中，当幼苗长大需要进行移植时，人们常常将其移植到大一号的花盆之中。而培育盆景时，则会将植物移植到更小、底部较浅的花盆之中，慢慢地让植物与花盆形成良好的协调感。

一般园艺之乐，乐在观赏各种花、果或叶子。而盆景之乐，乐在小空间、大风景，即在盆景所在的一方小小的空间内，可以领略到大树的气度、四季的风情以及生命的豁达等，可算是一种顶级的享受了。

在培养过程中，决定盆景的正反造型

以树木盆景为例，其取材的树种往往生命力旺盛，可以适应自然界中的各种环境，能够在光照和水源充足的环境中悠然自得地生长，也能够在背阴的森林里、在风吹雨打的高山上、在满是裸露岩石的石堆里等恶劣的环境中顽强生长。相对而言，花盆里的生长环境要更严酷一些，如果放置不管，树木会很难存活，盆景也难以成型。树木类素材的盆景，往往要历经漫长的岁月，通过培养者们的精心呵护，才

手掌大小的小品盆景（柳杉）。如果单是把粗枝杈插到花盆中，是无法产生这种凛然的大树感的。

能变得生动美丽。

在盆景的培育过程中，要认真检查，以决定其正反造型。可以向盆景专家或专业人士请教，让他们帮忙检查并确定。不过，如果你只是为了个人观赏，可以跳过这一步。因为前文说过，关于盆景的好坏标准，存在着万千人公认的自然观，也存在着个人独有的感性判断。在检查时，要遵守大家都认可的标准。如果你事先已经掌握了这些标准，在挑选幼苗时会好很多，能够充分发挥自己丰富的想象力，而不是拘泥于既有的造型。

关于盆景正反面的确定，请参考第9页。从正面，一般能观赏到盆景最精彩的景色（姿态）。此外，还可以从其他角度来欣赏盆景的姿态。如，从下方可以很清楚地看到内侧枝杈的造型，其会给人以枝杈矗立于花盆之中的错觉；可以从正上方欣赏，这个角度很独特，因为对于一棵生长在大自然中的树来说，是很难实现的。如果仔细观察盆景植物的细节部位，可以体会到盆景创作者那不辞辛劳的呵护和经营。

盆景正面的判断方式

模样木

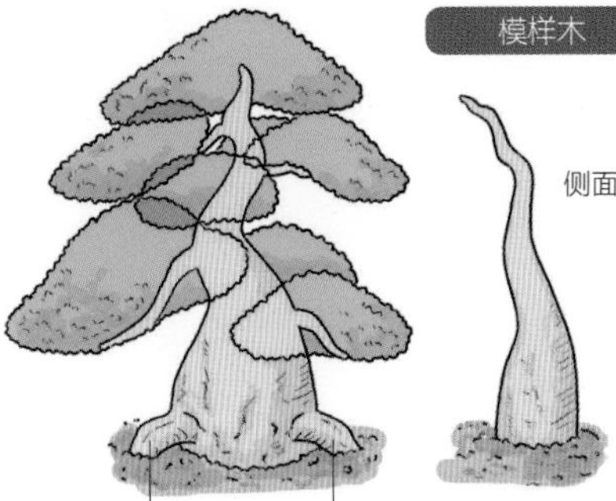

可清晰看到左右两侧深深扎根于土壤中的一面为正面

树干的正面向前方倾斜的一侧为正面

悬崖式和半悬崖式

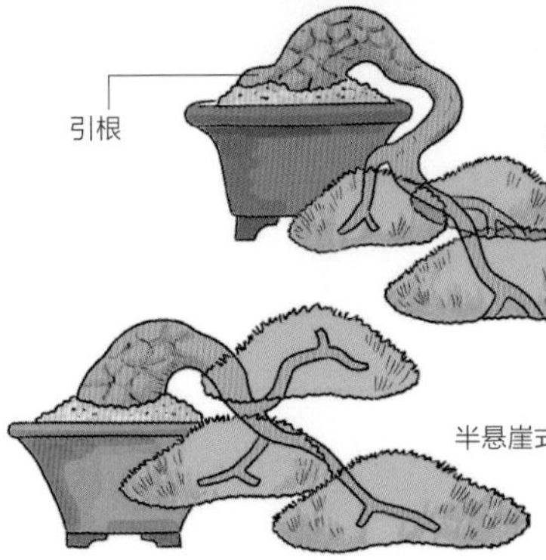
悬崖式

树干下垂方向的另一侧可以看见树干和引根的一面为正面

有舍利干的树干

活干「吸水」位于舍利干两侧，这是基本知识

根据舍利干和活干的协调性来决定正面

模样木（➡P21）悬崖 式・半悬崖式（➡P21）舍利干（➡P20）

盆栽

右图盆景和上图盆栽中的果实（海棠果）大小基本相同。盆景中的花果虽然不多，但即使只有一个也可谓是美不胜收，再借助花盆，便可更好地展示出自身的美。随着岁月流逝，树干表皮、枝杈的伸展姿态也可打动观赏者的心。

盆景

盆景观察要点

以树木类盆景为例，一般情况下，观察盆景的基本内容为观察树干、观察裸露根稳定感及观察枝叶造型。

树干能反映树木生长的岁月感，树干的造型决定树根向上伸展的质感。裸露根稳定感决定盆景整体的稳定感。枝叶的粗细度必须和盆景的大小和谐。只有具备这三方面的要素，盆景才能散发美丽、沉稳的气质。

观赏时，先整体观赏，再细细品味细节部分，如此才能发现超越盆景自身的魅力。

在为盆景选取苗木材料时，要参考上述三方面的要素，确认树苗的生长状态，确定其是否需要进一步的培育。

观察点 1

观察树干

树干造型决定盆景树形。虽然每个树种的适应性各不相同，但总的来说，可以通过人工方式创造树形。通过盆景树木的根部到最近（最下方）的枝杈（一级枝）的“直立”部分，可以看清主干，这一部分决定树形和树木格调。具体来说，包括树干的粗细、枝顺（向上生长后逐渐变细的样子）、弯曲、树干花纹、树干表皮皲裂等状态。盆景不受岁月的侵蚀，将抑制枝叶生长的力量注入树干，展现大树的格调。另外，舍利干和神枝（枝杈顶端的舍利）（▶P68）等枯朽却富有美感的树干算得上是巧夺天工之作。

观察点 2

裸露根的稳定感

暴露在地表部分的树根称为裸露根，裸露根的姿态体现了树木矗立于大地之上的稳定感。由于树木品种、树形不同，裸露根的稳定感也各不相同。如何才能感受到裸露根给树形带来的稳定感，是观察的关键内容。

八方根

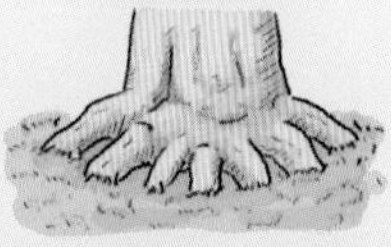

树干的周围皆是牢牢支撑主干的树根

二段根

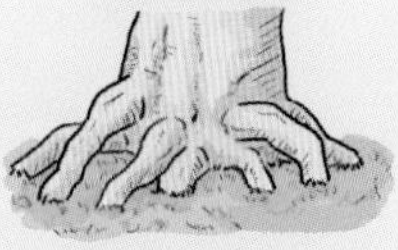

不仅是根部，树干上也生根

引根

树干向一侧倾斜的树形，可让树干另一侧（引根）的根部牢牢抓住地面

单边根

悬崖式盆景以及风吹式盆景等倾斜于一侧的树形，靠另一侧树根支撑

盘根

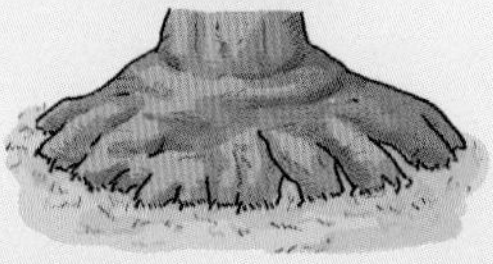

树根之间紧密相连，成为一体，呈板状

观察点 3

枝叶造型

感受枝叶是否与盆景整体和谐，是观察的要点之一。若想使枝杈看起来更加纤细，便需要持续不断地修剪、塑型。好的“枝顺”是指枝杈越向上越细、间隙越小。树叶跟树木品种密切相关，每棵树的树叶情况也各不相同，在选择盆景材料时应仔细考虑。

叶性

树叶的大小、朝向、颜色搭配均达标的为好盆景

枝顺

越往上，枝杈的间隔越狭窄，这是好盆景

枝配 枝杈的分布状况。很难改变最下面的一级枝（伸枝）和二级枝的造型，因此在采购时需要注意这一点

盆景的魅力 2

选花盆

植物与花盆相协调，二者才能相映成趣

盆景的盆指的是花盆，花盆也被称为『盆器』。植物和花盆完美融合的画面是盆景的主要看点，因此搭配与树木花草协调感极佳的花盆至关重要。植物和花盆之间的协调感称为『钵映』，即植物与花盆的搭配度。

适合盆景的花盆种类繁多，因此只能粗略地进行分类。在此给大家介绍一些花盆形状和花盆部分位置的名称。

昂贵的未必是最好的。如果与植物相称，哪怕是『破碗』，也别具风情。有很多盆景专家会亲手烧制花盆，或在餐具底部凿一个排水孔作为花盆。大家可以开动脑筋，展开你那丰富的想象力吧。

花盆形状

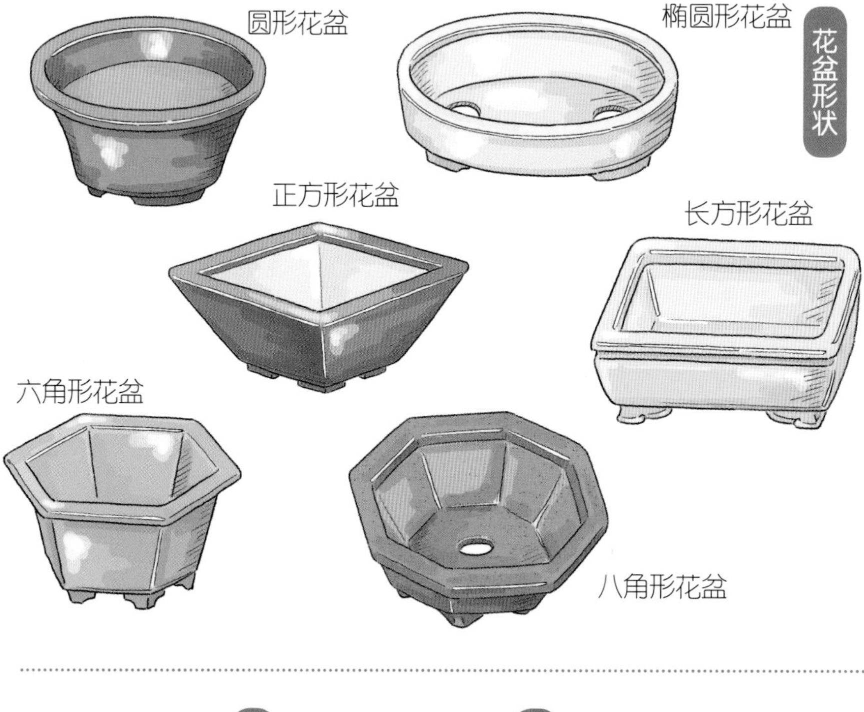

花盆高脚形状

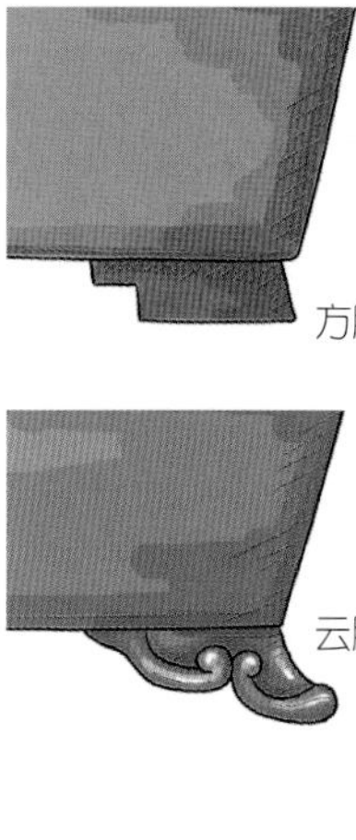

花盆拐角形状

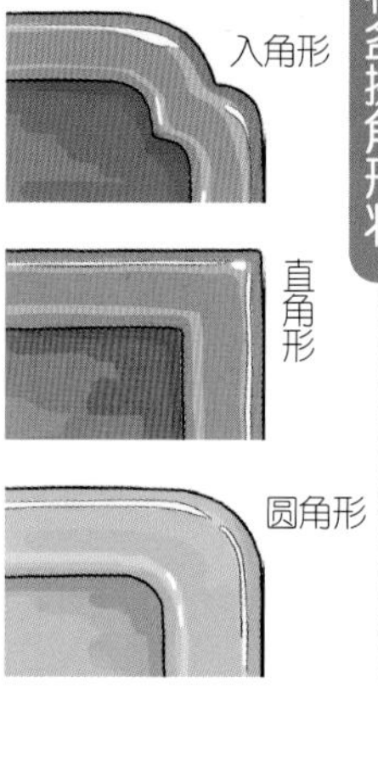

花盆边缘形状

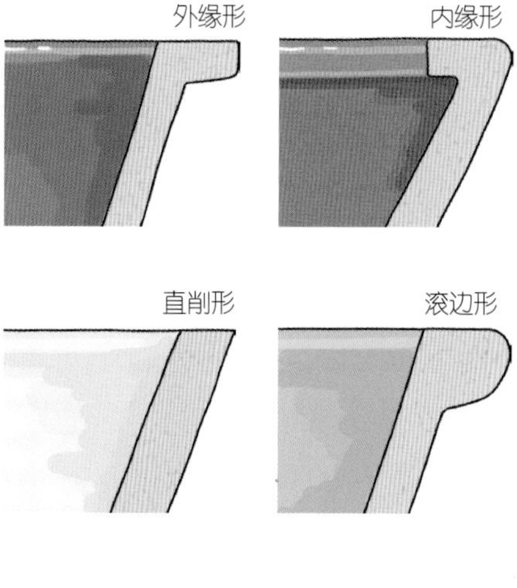

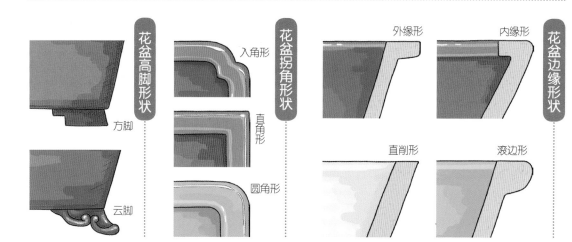

『钵映』由植物的生长和树木品种决定

比花盆的形状更重要的是花盆要适合植物的生长。首先要根据植物的生长阶段选花盆的种类。在培育幼苗时，应该选择通气性与排水性都好的素烧盆。培养期内使用的花盆称为『培养盆』，打造树形阶段使用的花盆称为『造型盆』『化妆盆』等。可以根据这些花盆的名称加以区分。

只有在展览期内，才会将植物移植到涂有釉药的化妆盆里，平时使用烧制陶器（不用釉和颜料，经高温烧制的陶器，也被称为泥物）。

松柏盆景与古朴的烧制陶器非常搭配，杂木盆景以及观花、观果盆景更需要带有花纹的化妆盆来衬托出它们的美。

协调感良好的盆景

椭圆形花盆

榉树

这款浅底椭圆形花盆给人以大气的印象，和植物非常搭

正方形花盆

黑松

烧制的正方形花盆。中深的设计可以牢牢支撑奇异的树形

方脚长方形花盆

花梨

祖母绿釉色的方脚长方形花盆，与黄色的果实、绿叶、桃红色花朵浑然于一体

云脚长方形花盆

荚蒾

绘有图案的云脚长方形花盆。红色的花盆能更好地衬托荚蒾的红色果实和红叶

盆景的种类

盆景根据大小和树木品种来分类。来切身感受小品盆景中那些不同种类树木的魅力，感受盆景的神韵吧。

为了更好地观赏而对盆景进行分类

如果只根据盆景的大小来分类，则缺乏严谨性。过去曾把盆景分为大型盆景和小型盆景。如今，盆景被划分为大品盆景（树高60cm以上）、中品盆景（树高20cm~60cm）、小品盆景（树高20cm以下）。树高是指从花盆边缘到树冠的距离。如果是悬崖式盆景（➡P21），那么树高是指从树干弯曲的部分到下枝的距离。

然而，并不是说昨天还是小品盆景，长高1cm后就成为中品盆景了。培养时并不需要机械地遵照前面的尺寸。

根据树木品种来分类，缺乏严谨性

根据树木品种来分类，具有一定的片面性。

过去，人们把盆景大致划分为松柏盆景和杂木盆景。这样似乎也说得过去，因为从植物学上来说，松柏（包括杉树）属于裸子植物，杂木属于被子植物。但是，这样的标准并不适合那些以观花、观果为目的的盆景，也不适合以山野草制成的盆景。同时，随着时代的发展，近年来杂木盆景的划分标准也越来越细。

本书杂糅了不同的标准，从实用的角度将盆景分为松柏盆景、杂木盆景、观花盆景、观果盆景和山野草盆景来讲述。

如今，人们最喜欢的，是能在狭小的空间里轻松培养的小品盆景。它们与树种无关，同样具有中、大型盆景的魅力。

本书中的盆景分类

松柏盆景
黑松、赤松、真柏、柳杉等

杂木盆景
榉树、三角枫、红枫、紫薇等

观花盆景
梅花、樱花、山茶、皋月杜鹃等

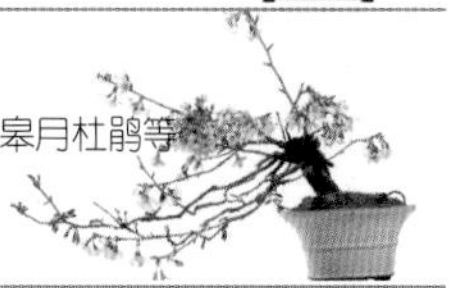

观果盆景
胡颓子、真弓、山橘等

山野草盆景
伏石蕨、虎耳草、朝雾草等

盆景大小的测量方法

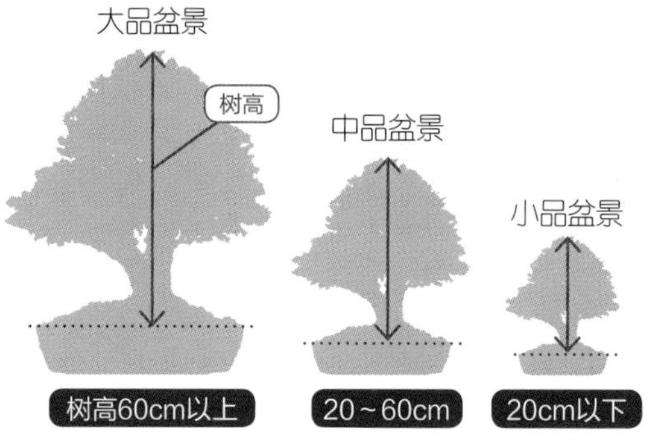

树木造型不同，盆景大小的测量方法也不同。从花盆边缘到树冠是“树高”，悬崖式盆景和半悬崖式盆景无法体现盆景大小，为此盆景最上部到最下部称为“上下”，从根部到伸枝的顶端称为“左右”。

悬崖式盆景、半悬崖式盆景

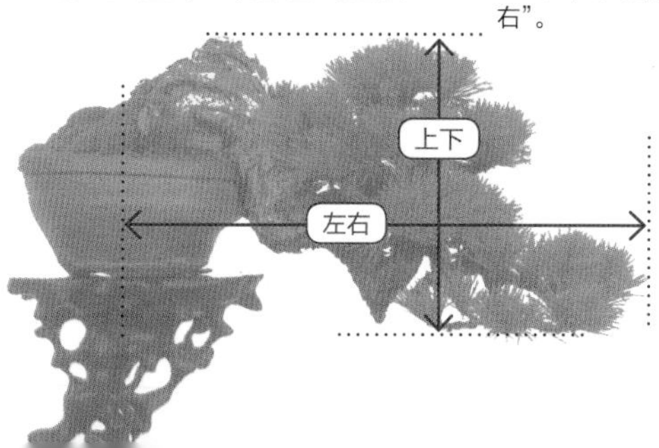

松柏盆景

（▶P61~P84）

风格威严庄重，充满王者之力

松柏这一盆景词汇，是松树类、柏树类、杉树类树木的统称。而不是像其字面意思那样，仅指松树和柏树。千百年来，在无数人的辛勤努力下，松柏盆景名品辈出，成为盆景的主流。一提起盆景，人们首先想到的就是松柏盆景。

在漫长的岁月里，松柏盆景形成了威严庄重的风格，充满王者之力。所以，人们常常觉得其制作门槛很高，敬而远之。其实恰恰相反，松树、柏树、杉树的寿命较长，不易枯萎，枝杈也不易折断，很容易塑造成型，非常适宜培养。即使是初学者也很容易上手，可以尽情享受打造树形的乐趣，你越用心，就越能体会到其中的精髓。

松树、柏树、杉树的品种很多，各有特色。在制作松柏类小品盆景时，可以多挑选几个树种练手，这样既能在不知不觉中提升技术，也能在对比中增强自己的鉴赏力。

对于小品盆景来说，除了松树、柏树、杉树，你还可以更进一步，同时尝试其他树种。每个树种的特性和培养方式都不相同，你可以感受盆景在各个季节的独特魅力，别有一番情趣。

五针松

在松类植物中，五针松的针叶短而密集，将其做成小品盆景，最容易取得良好的协调感。但它生长缓慢，树干表皮过了很久才会枯朽。本作品的树干表皮和树形的格调为日积月累、苦心培养而成。

盆景的种类2

杂木盆景

（▶P85~P128）

随四季变迁，美丽生长

杂木盆景曾被称为观叶盆景，是以落叶阔叶树为主体的盆景。由于落叶阔叶树可以长得很小，因此基本上都可以用于制作盆景。

近年来，随着园艺品种的增加，不管是常绿植物还是落叶植物，几乎所有的树种都在盆景中出现过。渐渐地，有了观花盆景、观果盆景的区分，但二者之间区别还很模糊。本书将小品盆景中不以观赏花、果为目的的落叶阔叶树类盆景归为杂木盆景，但通过采用相应的培养方法，是可以让杂木盆景开花、结果的。

杂木盆景的最大魅力在于，可以欣赏到因季节变迁而发生变化的各种造型。小小的花盆中浓缩了季节的变化，让人可以领略到超越自然界的美。新芽显得更加朝气蓬勃，常绿树的秋叶更加绚丽多彩，常绿树的冬叶似乎呈现出大自然中所看不到的变化。树干的表皮好似历经千锤百炼一般，寒树（叶子掉光的树）也别具一番风趣。

在盆景中，能让人真正感受到『深入植物内部，提高植物力量技术』的，当属杂木盆景。因为相对于松柏来说，大多数杂木生命力极强，都是向外伸展枝叶的。杂木盆景的造型很难维持，比制作松柏盆景要更加耗费精力。但正因如此，制作完成时的成就感也会更大。

山毛榉

需常年培养的盆景，其特点为“寿命长”。树干表皮给人以年深岁久的感觉。只有经历了漫长岁月，才能感受到山毛榉那白色树干的魅力。冬季，枝杈仍存叶片。图中呈现的是树木在春季的生长状态。新叶在夏季长出。

盆景的种类③

观花盆景

（▶P129~P156）

花儿千姿百态，值得耐心憧憬

观花盆景，指以观赏花朵为目的的盆景。大品、中品盆景中的树木较大，可以让人欣赏到百花盛开的美景。小品盆景中适合观花的树木品种较少，但和园艺栽培华丽的开花效果相比，拥有别样的情趣。

如果想要将观花盆景中的植物打造成小树形，可以将其枝叶修剪得小些、纤细些，这样花朵和果实才能呈现出与生俱来的造型。

有些小品盆景只有手掌大小，但可观赏的花朵数量并不少，这是因为选择了花朵很小的树种。当然，也可以选择花朵较大的树种，虽然花朵数量不多，但可以赋予小品盆景独特的味道。

每一朵花都是独一无二的存在，都有独特之美可供人们品味。例如，花苞初绽时，那花色若隐若现，还不明朗，那些我们在园林中放眼大片花儿时容易略过的斑斓色彩在此显得格外可爱。

另外，将观花盆景修剪到花朵和树形相得益彰的程度，需要历经很长的时间。如果从苗木开始培养，到盆景长成成年大树的阶段，要耗费更长的时间。通过经年累月的努力，将观花盆景培育到理想状态，在花开的瞬间收获的喜悦，只有经历过的人才能体会。

需要注意的是，开花、结果需要耗费很多的营养，会给树木带来巨大的负担，也有把枝干压弯进而影响盆景造型的风险，所以要尽早摘下多余的花芽。

穗序蜡瓣花

早春时节，抢先绽放的浅黄色花朵那独特的风情惹人喜爱。花朵依附在短枝上，新叶纤细，可以让人尽情体会花朵绽放的乐趣。

盆景的种类4

观果盆景

（▶P157~P194）

富有光泽的果实折射出五彩斑斓的光芒

观花盆景中，某些品种的树木会结出非常漂亮的果实，很适合用来制作观果盆景。其中，有些树种的果实具有独特的魅力，在结果季节观赏才有意思。在花朵凋零的秋冬季节，果实会带来一抹不一样的色彩，这也是观果盆景带给我们的一大乐趣。一般来说，在结果之前，这类树种的花朵便已盛开，具有赏花、赏果的双重价值。但也有一些树种的花朵实在太小了，开花状态不太显眼，结果时往往能给人意料之外的惊喜。观果盆景的枝条一般比较纤细，当它们的枝头顶端被果实压弯时，极具趣味，显示出令人意想不到的景色，这是观果盆景的又一种乐趣。

与观花盆景一样，有些观果盆景的树木，需要经历一定的岁月才能形成理想的树形。而健壮的藤本植物，可以早早地达到观果的塑形效果，还不用担心能量消耗的问题。

在培养观果盆景之前，首先要了解选中的树木品种，熟悉其结果条件。有些树种具有自交亲和性，只需要一株就可以结果；有些树种具有自交不亲和性，相同的树种相配却无法结果。此外，有些树种属于雌雄异株，需要公树和母树交配才能结果。树木品种不同，其结果条件往往千差万别，例如，有些树种会因为营养状态的变化而转换性别。

培育出好盆景，需要长期接触树木，还要随时学习、补充专业知识，了解盆景的特性、掌握盆景培育的关键内容。

日本紫珠

此树种的紫色果实美丽动人，在庭院树木中，它的枝杈伸展缓慢，果实素雅。作为小品盆景，造型越考究，越能体会到其中的乐趣。结果期为 10~11 月。

盆景的种类5 山野草盆景

（▶P195~P203）

小草的聚集，植物的共同家园

在盆景中，草本植物曾常被用作树下的杂草，或者作为装饰品。草本植物生命力强，易于打理，富有季节感，深受盆景爱好者的喜爱，例如近年来非常流行苔玉。苔玉起源于日本江户时代，大致是用土壤将植物的根部包裹成球形，然后在根球的外面覆以苔藓。

草本植物具有与生俱来的清新之绿，常常给人纤细、湿润的感觉，能使人暂时忘却繁忙的生活，放松身心。

山野草盆景的乐趣不止于此，和树木类盆景一样，常年的培养过程会产生令人意想不到的造型改变。例如，有些花草在一般园艺中被视为一年生植物，在山野草盆景中可能会随着时间的推移而逐渐木质化；很多香草植物原本属于木本植物，在长成之前像草一样，在长成后是半灌木，高度不超过10厘米，用于山野草盆景时具有令人惊艳的效果。

有时候，我们在小花盆中从幼苗开始培养单株植物。不知哪一天，附近的一粒草种落入花盆，萌生出嫩绿的新芽；接着，花盆和盆土表面可能自然地被一层苔藓覆盖，植物们创造了超出我们预想的共同家园。小草要同其他植物争夺生存空间，而我们则可以通过人工调节使植物们和谐共生，让主角轮番上场，尽情欣赏大自然一角的小世界。

山野草会自然地开花结果，呈现出鲜明的季节特征，即使在冬季也别具风情，近观、远观都趣味十足。

白花耳草

别名为鲫鱼胆草。早春到初夏，淡淡的绿色花朵竞相绽放。强壮的多年生植物可常年生长，可实生。

盆景树形虽千变万化，但万变不离其宗，展现美态的同时，要遵循自然规律。关键词是『不等边三角形』。

盆景的树形①

树形的基础知识

植物在严酷的自然环境下形成了各种盆景树形

盆景树形是指树木为了适应暴风雪及其他残酷的环境变化，长年累月形成的树木造型。这种既定的树形可能给人死板的印象，只有了解树形后增添个性，才有创造的乐趣。

盆景树形的关键词是『不等边三角形』，代表稳定和非对称的平衡。完全稳定的树形是指正三角形和等腰三角形。灌木修剪和西洋庭院的树木造型中经常可以看到对称的树形。

然而在日本人的审美观念中，对称的树形有些美中不足，他们总是希望树形能『稍微倾斜』。先辈们以自然界为范本打造出的树形，虽然看似简单，但内涵丰富，只有在实际培养中才能领悟其精髓。不等边三角形在各种树形中很常见，刚开始制作时，可以按日本人的审美观念制作基本的树形。

盆景各部分名称

不等边三角形整体

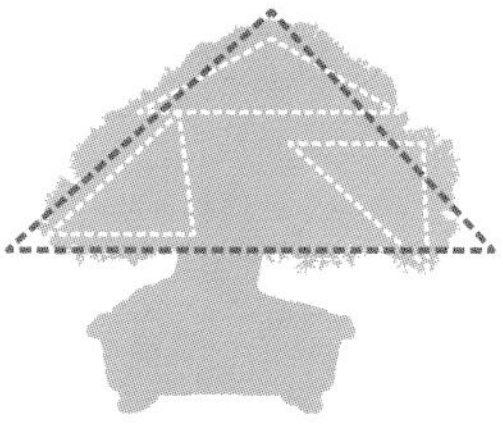

大的不等边三角形由若干个小三角形组合而成，传递出复杂的稳定感。经过岁月的打磨，三角形的每个角都会变得圆润，富有美感。

盆景的树形②

树形的种类

直干式

▼树干从根部笔直向上伸展，裸露根稳健（八方根），枝顺良好（树干越往上越细），枝杈左右交错。是可以茁壮生长的树形。

黑松（➡ P62）

双干式

石化桧木

▲双干式树形，指通过修建两根树干来平衡大小的树形。两根以上的为多干式，一般为奇数，如三干、五干、七干。上图是石化桧木双干式盆景。

悬崖式

▼在断崖和溪谷等残酷的条件下，顽强生存下来的树的树形。树根横向或是向下延伸的树形称为悬崖式树形。向下角度较小的树形称为半悬崖式树形，向下角度较大的称为大悬崖式树形。

五针松（➡ P80）

模样木

三角枫（➡ P98）

▲从根部向上回蟠折曲形成一定曲线的树形。干枝的曲线状称为模样。形状大致处于直干和模样木之间的树形被称为“立木”。相反，树干达到极限弯曲程度的树形被称为“蟠干”。

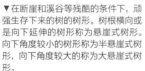

风吹式

◀枝杈宛如被强风吹向一边的树形。跟悬崖式（➡P21）很相似，区别在于悬崖式盆景的树冠向上，而风吹式盆景的枝杈全都朝向一边。让观赏者宛如沐浴在风中。

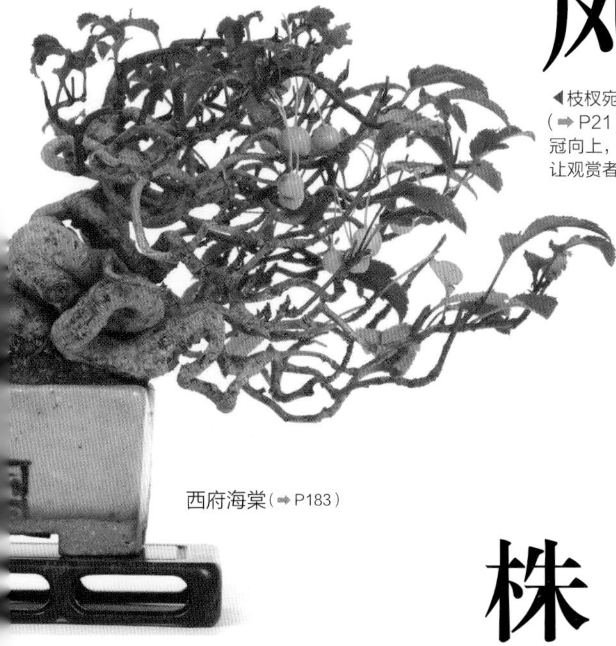

西府海棠（➡P183）

株立式

◀树干较多，一眼望去，树干和枝杈浑然一体，别名“武者立”。分枝树形要避免偶数枝杈，奇数枝杈更受欢迎。低木性树木品种更容易打造树形。

山栀子

文人木

▶受文人的喜爱而得名。树干纤细的模样木，下枝少，上方叶片醒目。与其说强劲，不如说婀娜的风情才是它的特点。也可以将文人木打造成悬崖式树形（➡P21）。

鱼鳞云杉

斜干式

▶单干，树梢向左或右边倾斜。展现了大树的生气蓬勃感。重点是要有反方向的“裸露根”牢牢抓住地面，让其有稳定感。

五针松（➡P80）

三角枫（➡P98）

附石式

▲本树形很像山岩中生长的树木的姿态。将幼树附植石间，根系伸入石缝而生。奇石与古树相映成趣。

钻地风

露根式

▲本应埋在土壤中的树根，由于大自然的风吹雨淋，地面变形，树根暴露在地表。以此为原型，打造出树根暴露于表面作为一部分树干的树形。树根经过日照逐渐蜕变成和树干同样的颜色。

水蜡树（➡P113）

连根式

▲两个以上树干向上伸展，看上去像“寄植”，实际只有一个根。让人想到深山老林中“倒木更新”（将倒木作为苗床培养新的树木）的景色。

帚立式

▶树干从裸露根部笔直向上伸展，在树干中部树叶展开，树冠呈半球状。榉树原本就是帚立树形，杂木盆景的其他树木品种也可以打造成该树形。

榉树（➡P86）

盆景制作的准备阶段

开始制作盆景时很简单，从开始栽培盆景到盆景成型有很多方式。选择适合自己的方式开始吧。

盆景制作的准备阶段①

植物素材

挑选健康的植物，探索自己喜欢的树种

制作盆景，首先要挑选合适的植物素材，下面以树形盆景为例进行说明。

我们可以从播种开始，也可以从园艺商店或苗木市场挑选树苗。如果直接从盆景专用树苗开始培养，可以事半功倍，大大缩短盆景成形的时间。推荐大家去盆景园或盆景展会的销售点购买树苗。

盆景一般会给人价格昂贵的印象，其实较便宜的树苗也不在少数。但也不要一味地贪图便宜，一分价格一分货，价格高自然有高的理由，价格低必然有低的原由，明白这一点有助于我们找到适合自己的树苗。

购买时，一定要注意观察树苗的健康情况。盆景园的树苗比较专业，属于同一树种的树苗有很多，我们可以通过对比树叶的颜色、姿态、枝杈造型、扎根造型等来挑选。买到健康的树苗后，在培养过程中一旦出现问题，我们能够及时对其进行调整，而病弱的树苗很容易被折腾死。

遇到心仪的植物素材，也是一场缘分，心急不得。

根据个人情况，挑选合适的植物

培育盆景是我们生活的一部分，要充分考虑个人情况。

如果生活比较繁忙，我们就抽不出太多的时间来照料盆景，所以不能选择生长得较快的植物品种。另外，挑选的植物也要符合自己的性格，例如，心急的人会经常给植物浇水、施肥，有些植物能够茁壮生长，而有些植物可能被弄得纤细孱弱。

随着经验的积累，我们会更加得心应手。所以不要害怕失败，要勇于迎接挑战。植物自有适应能力，暂时的衰弱并不可怕，过一阵子可能就恢复了。同时，在培养盆景前要先拍照，这样，即使自己没有能力培育下去，也可以让植物回复到最初的状态，这种方法具有出乎意料的效果。

购买后注意观察，了解树木的变化

购买到树苗或盆景后，应该先好好观察一下。

首先，我们买回来植物素材面对突然的环境变化，需要时间来适应，待其适应了新环境后再动手也不迟。其次，

展会的盆景风景。可以仔细观察叶片、枝杈状态。从下方观察枝干，用手掂量花盆的重量，推测扎根情况。积累的经验越多，越有眼力。

盆景市场不仅有树苗，还有草本植物、苔藓供你挑选。

为了防止土壤表面干燥，要勤浇水，观察树叶、叶芽的变化。然后，浇水前后用手托起花盆，观察浇水前后的差异，如通过土壤吸水的快慢来推测植物根部的情况。最后，要轻轻用手触摸枝叶、裸露根和土壤，全面了解盆景的情况。

如果能切实感受到植物素材的变化，培养起来就会得心应手。这一过程至少需要两周的观察时间，不要急，观察的结果也可能让人大吃一惊。例如，有些看起来很粗壮的树干，其实只需要扦插就能活下去。接下来，如果我们用心培育，就一定能得到理想的盆景。

购买要点

- 任何树苗都可以培养成盆景
- 常在盆景园、盆景市场比较树苗的状态也是一种学习
- 选择符合自己生活习惯的树木品种
- 购买后先拍照，并仔细观察

盆景制作的准备阶段 2

盆景用土

了解土壤性质，配置盆景基本用土

首先要考虑植物的适应性，主要是排水性、保水性、透气性及跟杂菌相关的清洁度。植物对排水性、保水性、透气性等的要求不大相同，常见的赤玉土基本能满足这些要求。盆景基本用土以赤玉土为主要土质；然后加入沙子，以提供赤玉土所不具备的功能；最后，还可以根据需要加入其他特殊用土。根据实际需要，赤玉土一般占盆景用土的5～8成。本页的下半部分，是赤玉土、各种沙子及其他特殊盆景用土的大致信息。新手可以选择市售的盆景用混合土。

调配沙子种类

鹿沼土

火山沙风化后的浮石。排水性、通气性好，酸性强

河谷沙

有天神川沙、矢作沙，颜色各异。排水性、通气性好

桐生沙

是风化后的火山沙。铁含量高。排水性、通气性好

富士沙

属于火山沙。通气性良好，适合栽培生长在山地的草

盆景用土的核心土壤

赤玉土

赤玉土干燥后成颗粒状结构的土壤。保水性、肥料吸收性、排水性、通气性均良好，但颗粒分散，需要搭配沙子填补缝隙。可分为大粒、中粒、小粒，小粒多用于小品盆景。更细小的草坪用赤玉土适用于微型盆景。用筛子筛除微尘（尘埃状的细小土壤），备好赤玉土颗粒

其他特殊用土

炭

稻皮炭、竹炭等。可吸收多余的水分和腐败物质。和主要土质搭配，只需1成就可以防止根部腐烂

膨胀蛭石

将蛭石在1 000℃的环境下烧制而成的改良型盆景用土。微碱性，多孔，质地较轻，排水性、通气性、清洁度良好。可以用于扦插

泥炭土

湿地的水苔发酵而成的土壤，通气性、保水性良好。水苔难以腐烂，酸性强，可以用于调节酸度

酮土（黏土）

湿地的芦苇等水生植物堆积发酵的黏性纤维质。保水性良好，是附石盆景不可缺少的土壤

考虑土壤的结构
土壤颗粒大小要合适

团粒结构的土壤比较适合植物的生长。土壤的团粒结构是由若干土壤粒子，即单粒，黏结在一起形成的，能够带来非常好的保水性、排水性和透气性。团粒结构能够有效地锁住水分和肥料，供植物根部吸收；颗粒与颗粒之间的空隙较大，水分、空气畅通无阻。

在地面上，用犁来耕地可使土壤形成团粒结构。对于盆景，可以在赤玉土中混入沙子等配制团粒结构的土壤。在使用时，要使土壤颗粒的大小适宜植物根部的生长。

盆景用土选择要点

- 考虑排水性、保水性、通气性、清洁度，选择盆景用土
- 赤玉土为盆景主要用土，占比为5~8成，再搭配沙子(➡下图)
- 筛分团粒结构的盆景用土，按照颗粒大小区分使用

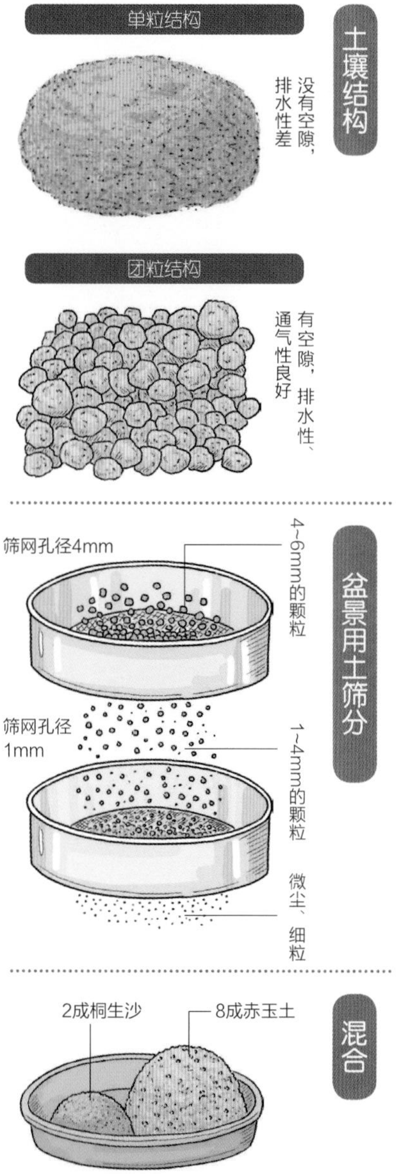

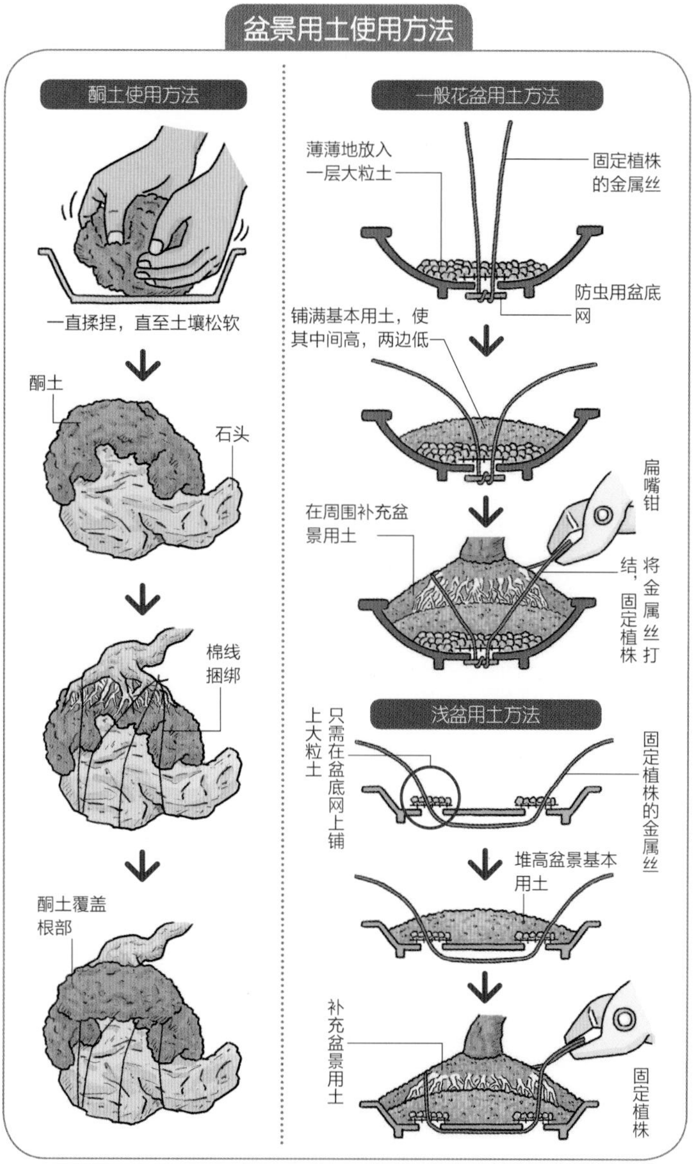

工具

盆景制作的准备阶段3

钢丝钳

用盆景用剪刀剪金属丝会导致刀刃受损，可以用钢丝钳等工具代替。

盆景用剪刀*

修剪细小枝叶时要使用盆景用剪刀，也可以使用修剪园林的剪刀。

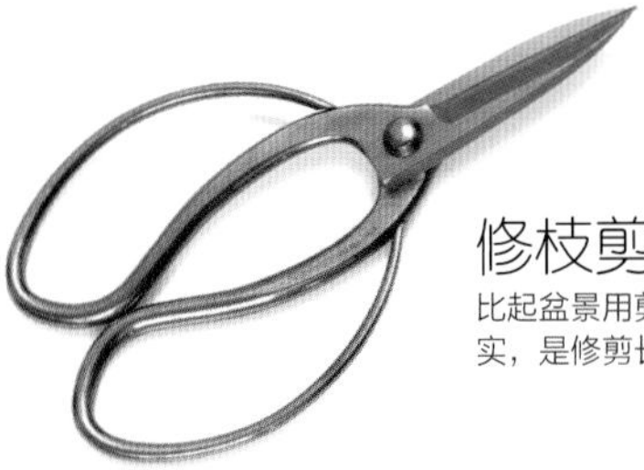

修枝剪

比起盆景用剪刀，修枝剪更结实，是修剪长枝的必需品。

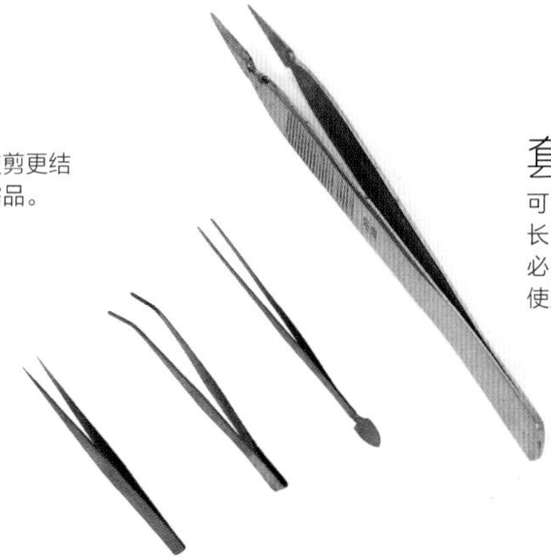

套装镊子*

可以摘芽或者摘除少量伸展过长的叶片，是制作小品盆景的必需品。也可以将其当成抹子使用。

喷雾器*

有利于除掉叶片背面的害虫。也可以用于喷洒液肥。喷嘴较长的喷雾易于深入枝叶内侧的细节部分。

喷水壶*

喷头可拆卸的喷水壶会更方便。如果不需要喷洒所有植物，选择喷头眼较小的喷水壶。选择水压适合的喷水壶，避免将花盆土壤冲出来。

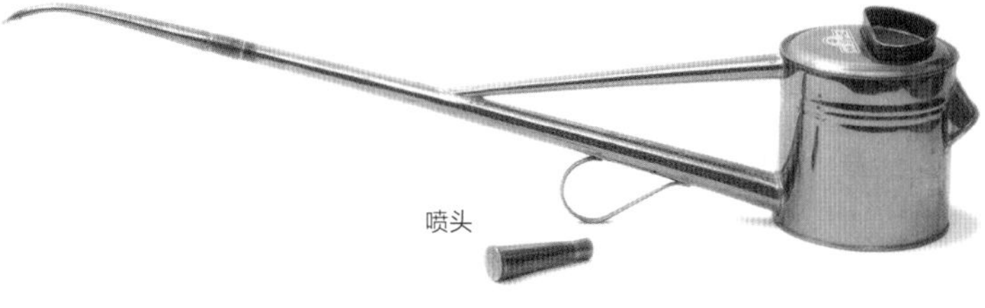

* 需要准备的基础工具

认识工具，选择工具

盆景工具各种各样，不同用途的工具有各自名称。刚开始制作时不需要使用所有的工具。对于成套的工具，不要不经考虑就购买，要对工具的用途、如何使用、何时使用等有充分的了解。

盆景的培养空间以及培养者的性格、爱好不同，使用工具的难易度也不同。并非越昂贵的工具越方便，可以先用自己惯用的园艺用具或工具，如果有需要，再添置盆景专用工具。

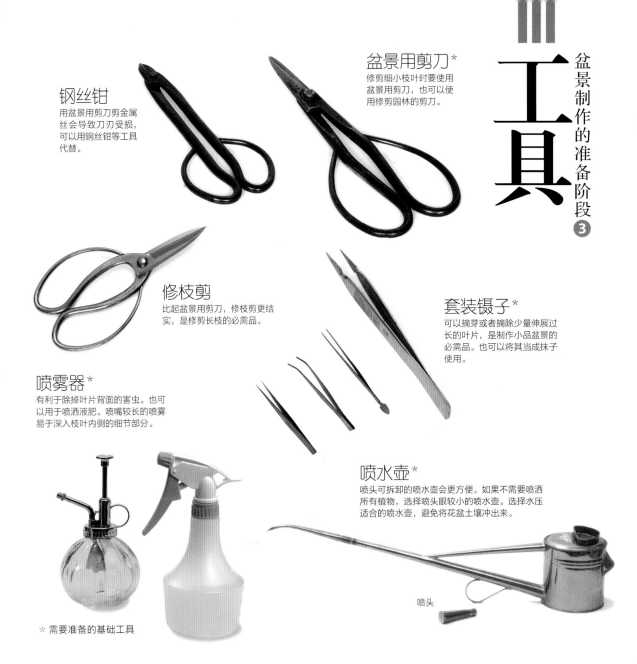

细心照料刀具

不管多昂贵的刀具，如果疏于保养，则很快会变钝。由于盆景的刀具在修剪枝叶时一定会沾上树

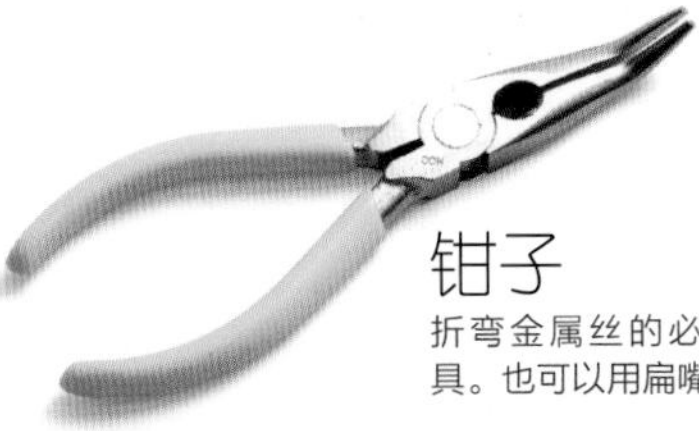

钳子
折弯金属丝的必备用具。也可以用扁嘴钳。

金属丝
不仅用于缠绕，也可以用于植株和花盆的固定。事先准备好粗细度不一的金属丝，使用时更方便。松柏盆景（➡ P61~P84）的造型更适合用铜丝。

斜口剪
用于修剪稍粗的枝杈和树根，防止切口形成树瘤。

盆景用锯
用剪刀常会出现没有完全剪断的情况，用锯子轻轻锯掉比较好。

尖刀
用于处理切口、压枝、制作舍利干。

填土工具
用于将盆景用土注入花盆中的工具。

盆底网
防止从盆底排水孔侵入虫子以及土壤流出。也可以将网覆盖在土壤表面，进行防虫。

筛子
使土壤颗粒大小一致，筛选时的必需品。也有盆景用嵌套的筛子和孔眼大的筛子，可以根据需要选择。

其他工具

筷子	选择圆形的筷子，最好是不易折断的材质（竹制等），便于插入盆景用土中
标签	记录土壤种类、树木名称、购买时间等
磨刀石	用于磨刀

笤帚	小笤帚使用方便。可以用来保持花盆周围的清洁
刷子	刷去枝干的污垢
机械油	用于工具保养
愈合剂	保护枝干切口
刀	从花盆中拔出盆景时切掉顽固的树根

盆景小知识

盆景旋转台可以大大提高盆景制作效率。为了整体把握枝叶的造型，一边旋转花盆，一边修剪，是大型盆景的必需品。如果是小品盆景，可以用廉价的调料旋转台代替。

调料用旋转台上的小品盆景（沙果）

液，因此使用后请务必擦拭干净，并涂抹机械油。

如果刀具变钝，要及时磨刀。磨剪刀时要对准刀刃。如果自己不会，可以委托给专业的磨刀师傅。

上等的盆景刀具凝聚了先辈的智慧和汗水。刀具的材质越好越昂贵，使用寿命也越长，也会成为你一生所爱。

盆景抑制植物的伸展性，保持植物美丽的姿态。掌握盆景独特的制作技巧。

盆景的制作技巧❶

移植

『培养』和『创作』

移植是为了创造让花盆中的植物健康生长的环境。如果花盆中的树根挤在一起，盆景用土颗粒凌乱，无法排水、通气，根部就无法吸收水分和营养。水分难以从土壤表面渗透到内部，这就是需要移植的信号。

从树苗到『培养』期间，根据实际情况进行『一年一次』的移植。剪去弱根，强根可以在移植后的花盆中生长为之前的 1.5 倍。

到了『创作』阶段后，将强根剪短，缩小移植后的花盆。从该阶段开始的移植频率为『二至三年一次』。强韧的短根伸展需要一年的时间，两年后散发积蓄的力量。树木拥有经受『创作』的力量。

移植后要注意保养

对于树木来说，移植相当于一次大型手术。即使是健壮的树木品种，在新芽长出之前都属于休养时期。为了确保排水性良好，要经常倾斜花盆，观察盆景摆放场所，避免阳光直射或暴晒。如果是早春时节移植，要注意晚霜和回寒。

日本吊钟花的移植

BEFORE（之前）

1 从花盆中拔出
素烧盆培养的日本吊钟花。打算打造为半悬崖式树形，之前的移植使树根露出土壤表面。之后为了打造成观赏性树形，要移植到目前花盆的 1/3 大小的花盆中。

2 清理根须
距上一次移植有 1 年时间，花盆中的树根还没有缠绕在一起。用镊子将旧土和细根剥掉。使用镊子时，为了避免伤害根部，要纵向操作。

3 根部调整
在可以看见强根的地方，切掉 2 根露出土壤表面的根，将切口削平。修剪枝叶，使其和树根量大致和谐。这就是抑制根部力量的技术。

盆底网固定方法

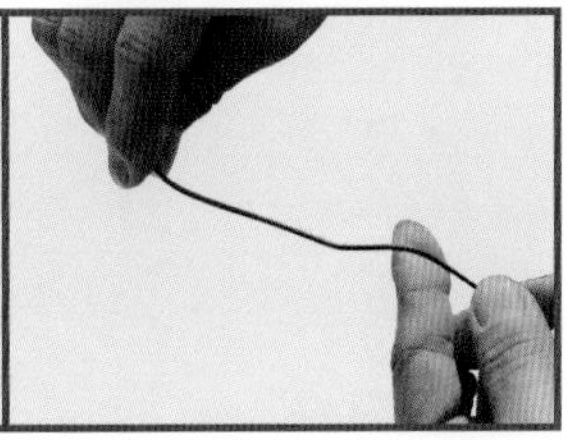

1 为了防止浇水时盆底网发生偏移，用金属丝进行简单的固定。

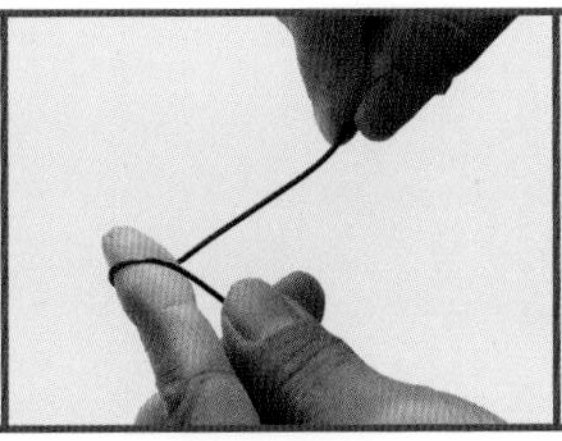

2 取长度适宜的金属丝，在1/3处缠绕手指，做成圈形。

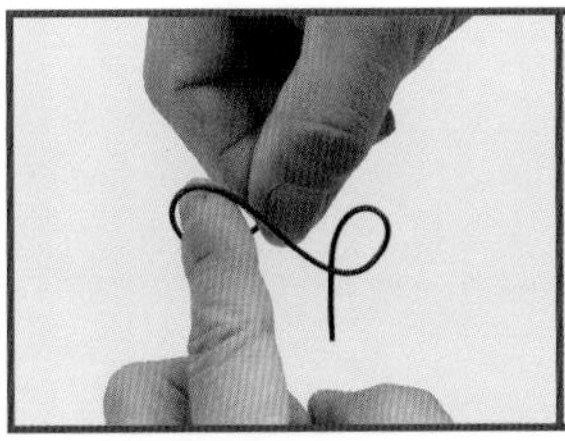

3 在另一侧逆向做一个圈，水和土的压力有时会是双向的。

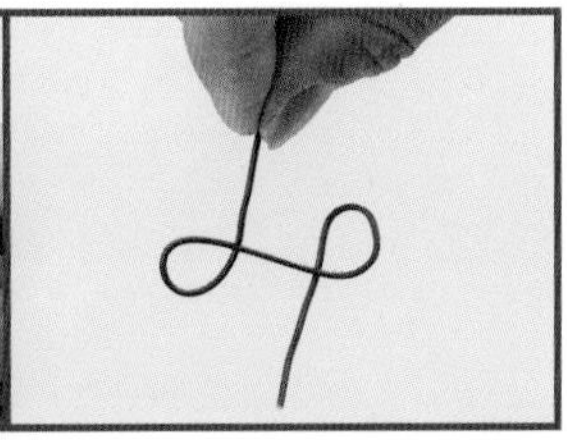

4 形状近似于一笔写成的倒“8”。用圆圈部分压住网，不要有空隙。

5 将金属丝的两端垂直立起，从花盆内侧穿过网插入。可以防止害虫侵入以及土壤流失。

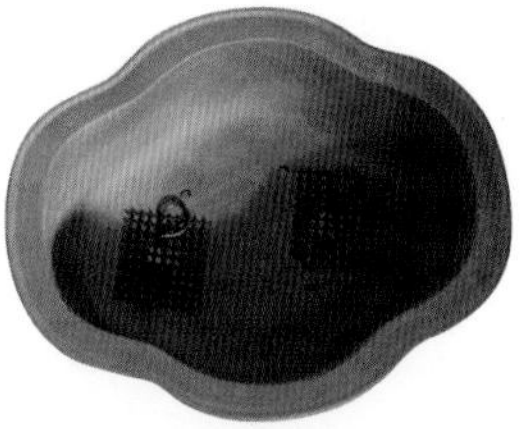

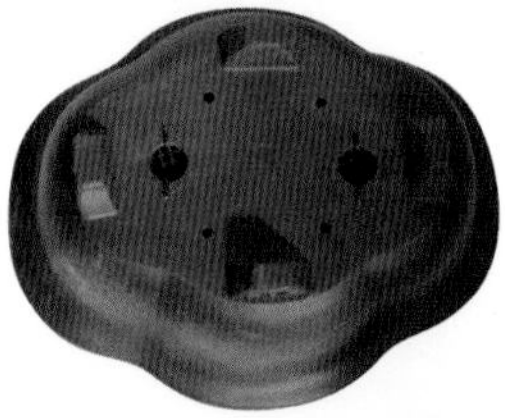

6 剪掉花盆外侧多余的铝线，用钳子固定。盆底的小洞是为了穿过固定植株的金属丝。

4 修整树根

至此就可以判断出最健壮的树根。为了倾斜移植，粗根侧的根须要多留一些。根部长度大体一致，伸展方向呈放射状。

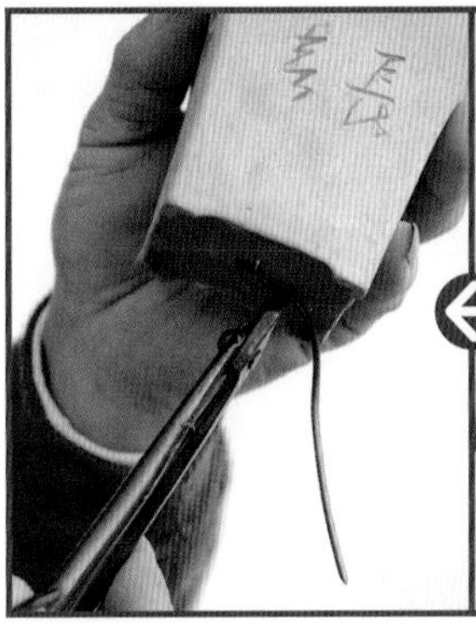

5 准备花盆

在已有的盆底排水孔上，用金属丝固定盆底网（参考上述盆底网固定方法）。接着穿过固定植株的金属丝，依次填入大颗粒土和盆景用土。

AFTER（之后）

填入一半盆景用土后放入植株，用金属丝牢牢固定，继续填入盆景用土（➡P26）。用筷子将土壤间的空隙填实。为了防止表面土壤干涸，用水苔（泥炭藓）覆盖，浇水直至水从盆底流出。

盆景的制作技巧②

摘芽·切芽

摘芽是指摘掉新芽以缩小叶片的技术

早春时节，嫩绿的新芽如雨后春笋般纷纷长出，景色迷人，这也是『创作』阶段摘芽的开始（生长期间不可以摘芽）。

最先长出的芽，越过寒冬，生长力最强，如果放置不管，那么枝叶会相继生长，繁殖茂盛。

摘掉第1颗芽，芽还会长出来，但是生长力减弱，枝叶也没有那么茂盛，可和盆景尺寸达到平衡状态。

只在春季才发芽的树木品种一年只需要摘一次芽；从春季到秋季一直发芽的树木品种则需要反复摘芽，如此树叶才能变小。通过这样抑制植物生长，厚叶会变薄，红叶变得更美，姿态也带着气度。

第 1 颗新芽长齐的柳杉。下方长枝是为了培养粗的枝杈，从去年保留至今的芽。

摘芽

第 1 颗芽生长力强，需要全部摘除。发芽季节不同，摘芽次数也不同

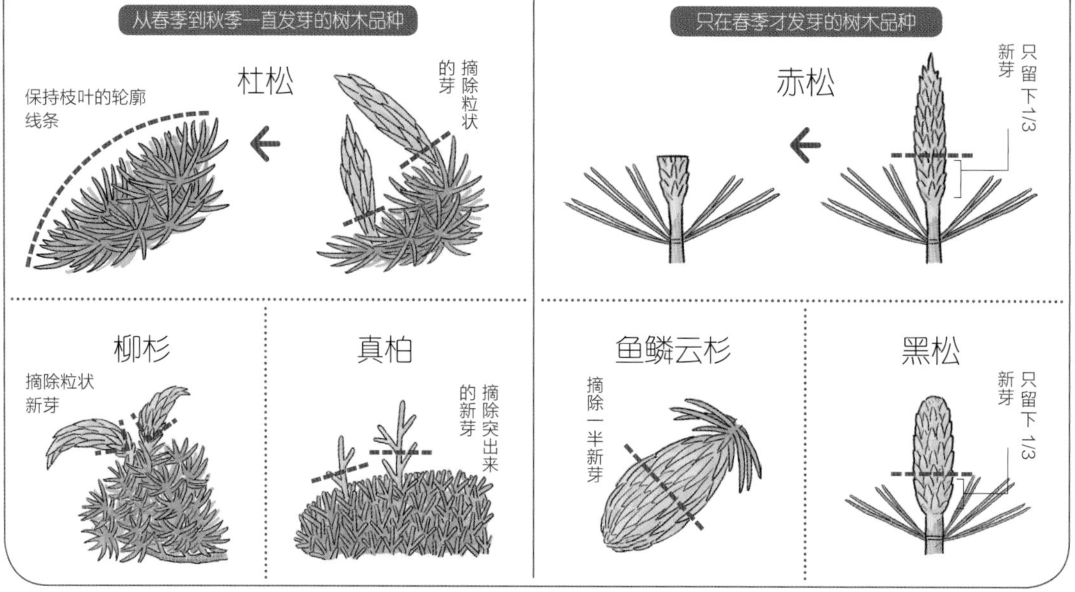

控制枝叶数量靠摘芽，控制枝叶长度靠切芽

不仅是叶片的大小，枝叶的数量和长度也需要在发芽期间控制。

如果出芽数过多或者不需要出芽，就要进行摘芽。要调整盆景中落叶树的冬芽和松柏类的第2颗芽。

对于黑松和赤松的『短叶法（⬇下图）』，切芽是不可缺少的工序。先切掉最初长出来的弱芽，7~10天后切掉强芽，如此，第2颗芽和第1颗芽的大小基本相同。

早期进行切芽，后期便会较为轻松，也可以观赏到盆景美态。如果由于繁忙，抽不出时间切芽，第2年也可以挽救，这就是盆景的优势。抽出时间来享受该工序吧。

柳杉摘芽

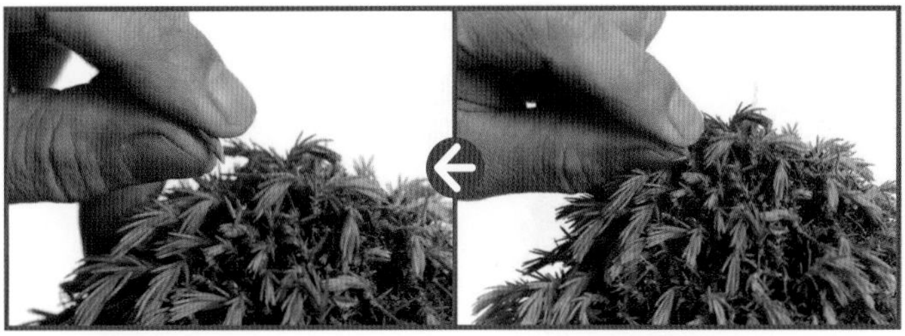

1 用手指摘叶
用指尖摘除黄绿色柔软的叶片。只剩下2～3叶即可。

2 拔除叶片
用手指拔掉叶片。反复进行，直至摘除所有新芽。

AFTER

所有新芽摘除后的样子。不久就会长出第2颗芽，但比第1颗芽短。柳杉只有春天出芽，摘芽后根据树形修剪叶片，然后就可以造型了。

“短叶法”不可缺少的切芽

剪短黑松、赤松的第1颗芽和第2颗芽，使其大小基本相同

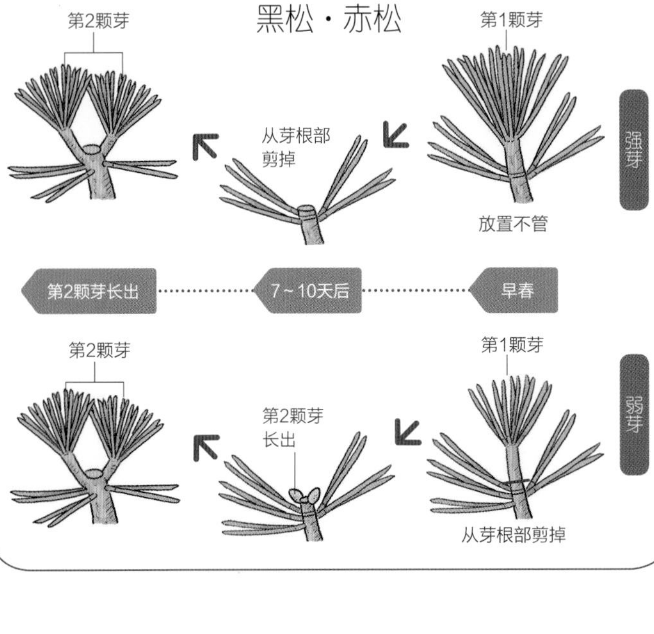

摘芽

如果新芽过多或不需要出芽，就可以摘除不必要的芽

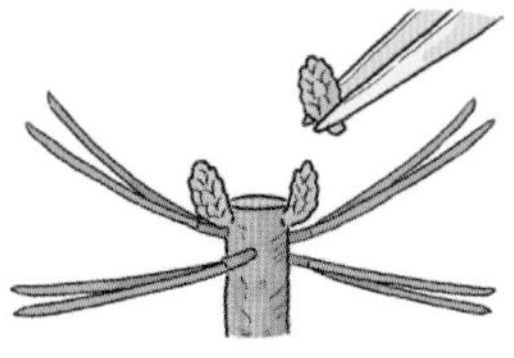

松柏
摘芽后，当第2颗芽长出很多时，摘除不要的芽

山毛榉
摘除枝杈顶端所有的不定芽

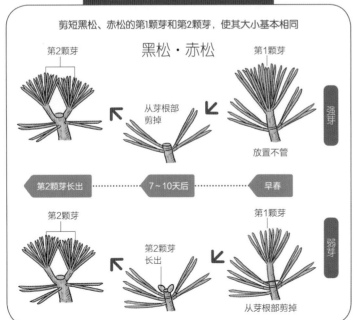

盆景的制作技巧③

枝叶修剪

通过枝叶修剪来保持植物的健康与协调

如果枝叶过于茂盛，下方和内部的叶片无法享受充分的阳光和通风，盆景则容易生病。松柏类盆景要减少叶量，杂木类盆景要将叶片修剪成原来的一半。修剪上方的大树叶，使之和小树叶保持一致大小。也可以剪掉全部树叶，重新造型。

但是，枝叶修剪会消耗树木的能量，事前必须充分施肥，增强植物的抵抗力。

通过修剪来打造树形

修剪是打造树形的重要工序，修剪之前要仔细确认。摘芽和剪叶都是新芽生长为枝叶过程中的调整工序，广义上来说都是修剪。如果平时照顾周到，就不会突然旁生斜枝。

修剪是按照既定的构想打造树木姿态的工序。观察生长全过程，自然可以看出应该修剪的枝、突出来的枝、将来有用的枝。早期应该修剪的枝被称为忌枝（➡P35）。忌枝修剪的重点在于枝杈的修剪方法和切口处置。修剪可能会伤害到树木，因此要了解不同树木品种适宜修剪的时期。

调整叶子

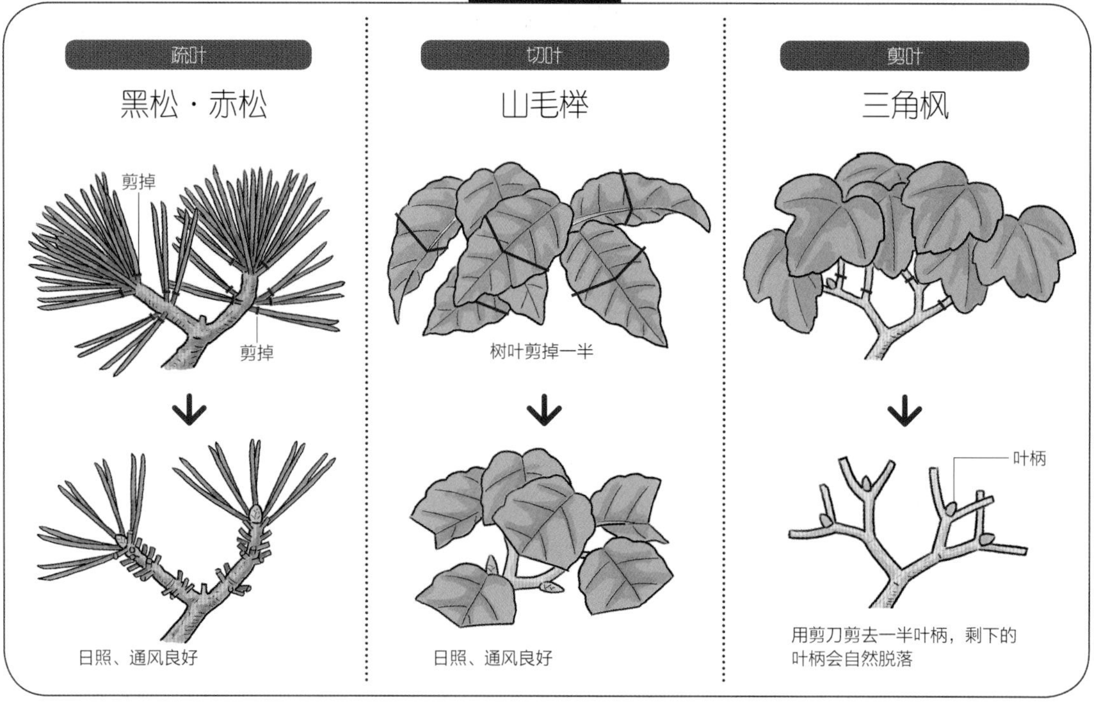

榔榆的修剪

BEFORE

仔细观察整体树形和树干倾斜度，修剪时倾斜的方向要留长一点，反方向枝叶留短，修剪出大致轮廓。

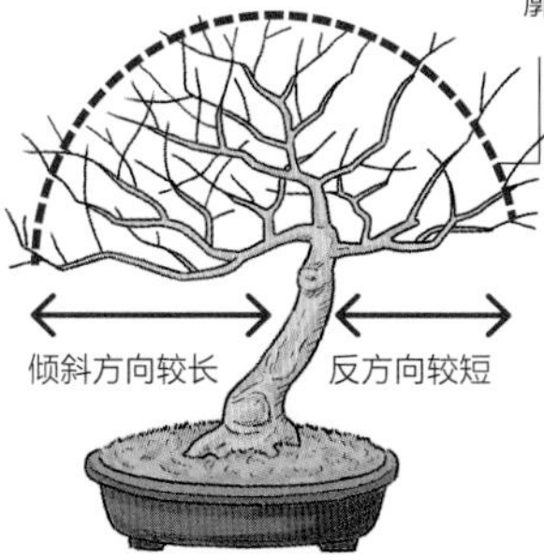

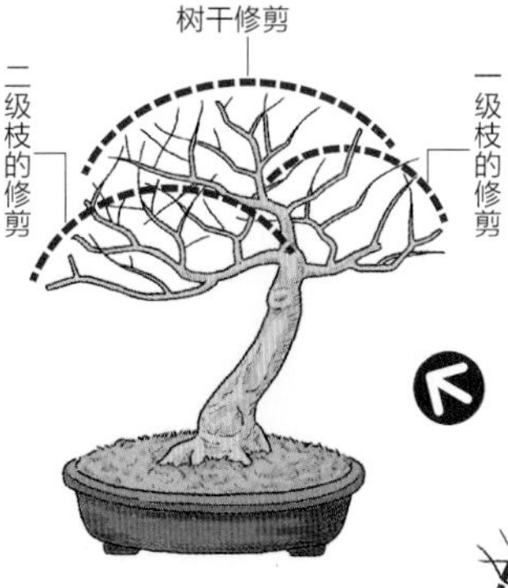

1 修剪整体造型

修剪主要枝干（树冠、一级枝、二级枝）时，整体造型为半球状。

2 局部修剪

修剪落枝、立枝、逆枝等显眼的“忌枝”，伤口较大的部分用愈合剂保护。

AFTER

可以看清所有小枝，整体造型呈向上放射状。枝杈造型有不等边三角形的稳定感。

盆景的忌枝

尽早切除忌枝，实施适当解决方案

交叉枝

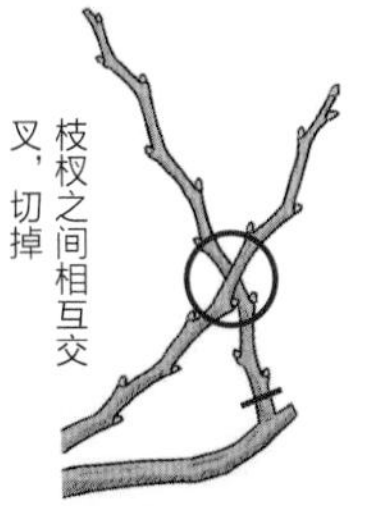

车轮枝

腹枝

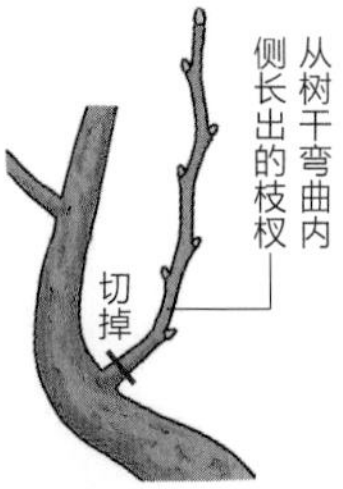

立枝

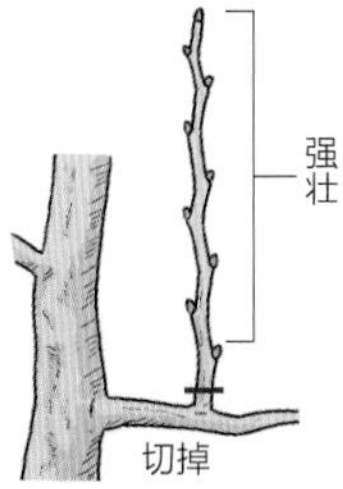

落枝

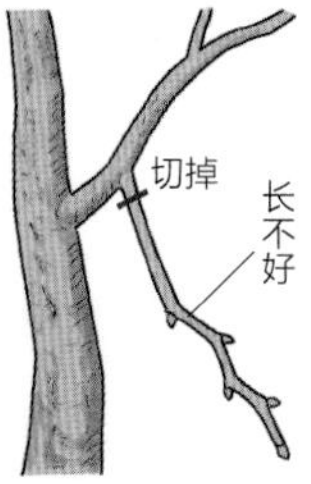

凹形枝

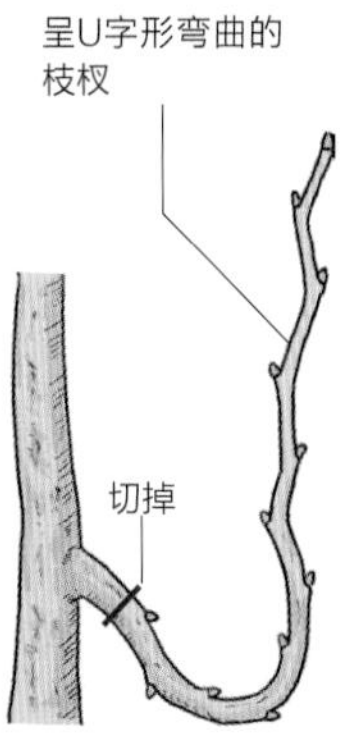

用金属线纠正，改变其方向，如果无法纠正就切掉

向枝

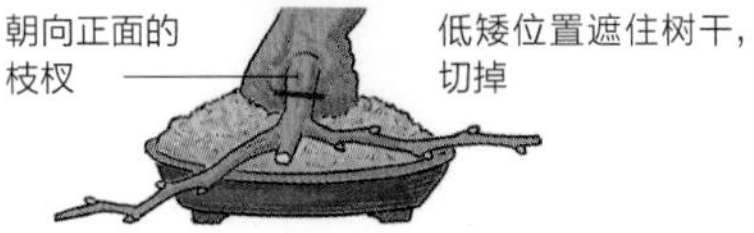

腋枝（叠枝）

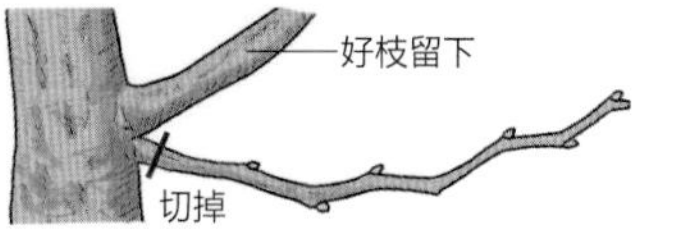

平行枝

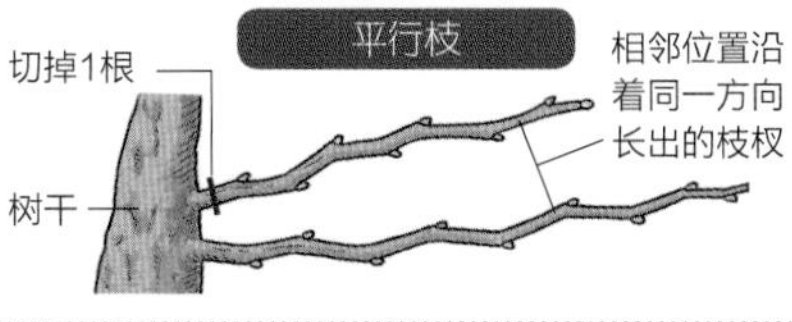

逆枝

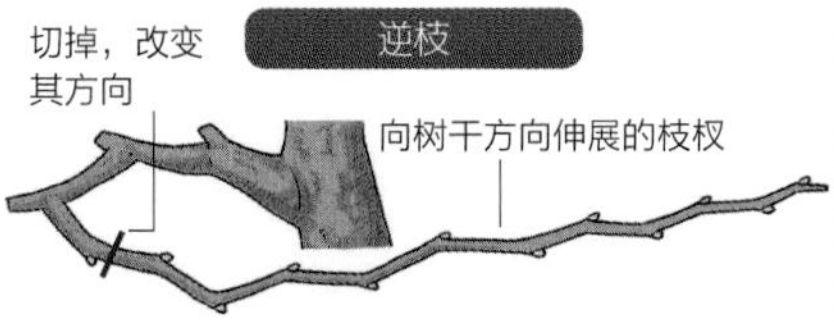

贯通枝

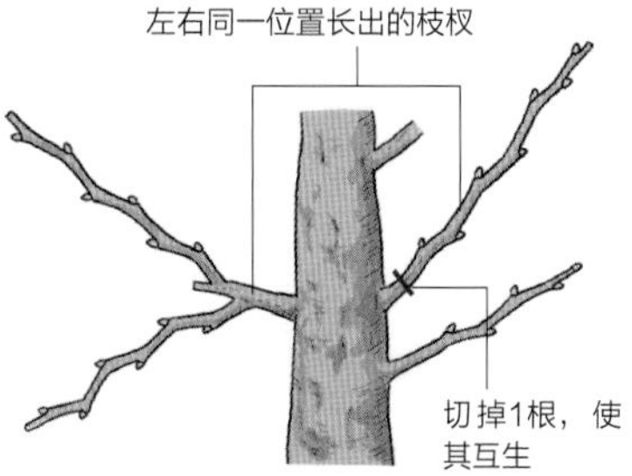

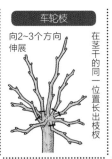

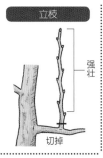

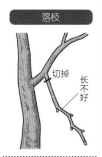

盆景的制作技巧4

缠绕金属丝

金属丝是盆景造型的必需品

金属丝定型是塑造树形的方法之一，如果强行缠上金属丝，即使没有折弯枝杈，也会损害其内部组织。『培养』阶段最好轻轻缠上金属丝后再持续观察一段时间。

金属丝是盆景造型的必需品。常用于固定盆底网（⬇P31）；固定盆景植物，防止晃动；将花盆固定在架子上，防止被风吹走。盆景用的金属丝有铁丝、铝丝、铜丝三种，其粗细范围在10号（直径3.2mm）~24号（直径0.5mm）。数字越大，金属丝越细。金属丝的粗细一般为枝杈直径的1/3。

不过度矫正是缠绕金属丝的基本要求

缠绕金属丝是为了矫正枝杈的伸展方向。如果放任不管，所有枝杈都会朝着太阳的方向向上生长。向阳的枝叶会特别茂盛，生长在下方树荫处的枝叶会由于日照不足而孱弱，树木无法形成匀称的树形。

刚开始系上金属丝时，要让枝杈自然散开，要让所有枝叶都可以充分沐浴阳光和风。不要强行折弯，要确认枝杈易于弯曲的方向后再缠绕金属丝。

BEFORE

经过摘芽和修剪后的矮石榴。所有的枝杈倾斜并且向上伸展。

为矮石榴缠上金属丝

用1根金属丝缠绕2个方向（2根）的枝杈
将金属丝由上向下弯曲

1 固定金属丝

最下面的枝杈相对较粗，枝杈根部到树干用粗的金属丝缠绕。

2 缠上金属丝

将固定在枝杈根部的金属丝一端沿着树干向上缠绕，另一端缠绕下枝。枝杈弯曲部分也要系上金属丝。

植株的固定方法

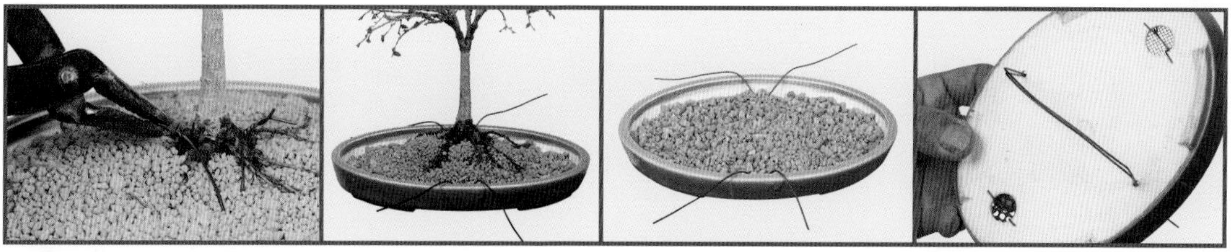

1 将金属丝从盆底的小洞穿入盆内。如果有2处小洞，要穿过 2 根金属丝。

2 金属丝展开后填土。根据植株的大小和数量决定固定方法。

3 放入所要移植的植株（例如榉树）。为了避免伤到根部，用手折弯，轻轻固定。

4 位置决定后填入一半土壤，用扁嘴钳牢牢固定根部。

金属丝的使用

用于制作 U 形别针、保护盆景

在土壤表面固定除虫网

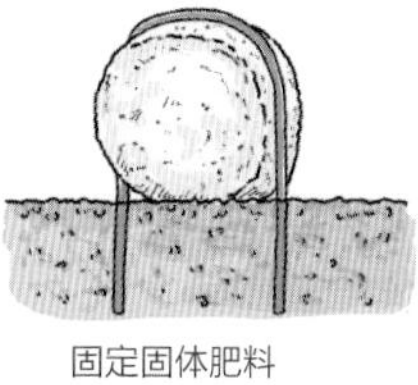

固定固体肥料

为了防止被风刮走，将花盆固定在托盘上

3 增加 1 根金属丝

该下枝为一级枝（➡ P20），为了使弯曲度加大，追加 1 根金属丝，同样缠绕，增强效果。

4 改变粗细

根据枝杈的粗细度，中途改变金属丝的粗细。小枝的前端使用0.5~1mm的金属丝轻轻缠绕。改变金属丝粗细处，需要重复缠绕1~2圈。

5 修剪树木

一边缠绕金属丝，一边观察盆景整体造型，将多余的枝杈以及不和谐的树芽剪掉。

缠上金属丝，折弯枝杈

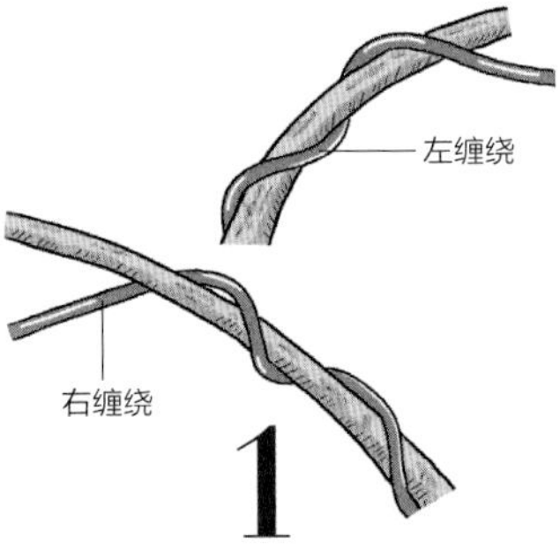

1 弯曲枝杈决定方向

如果希望枝杈向左边弯曲就采用左缠绕，如果希望枝杈向右边弯曲就采用右缠绕。

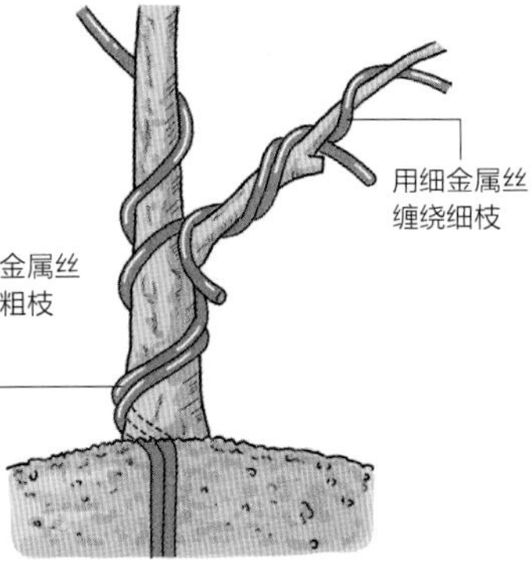

2 缠上金属丝

将金属丝插入土壤中并作为起点，从背面向前面缠绕。务必遵循先缠绕粗枝再缠绕细枝、从枝杈根部到枝杈顶端的缠绕方法。

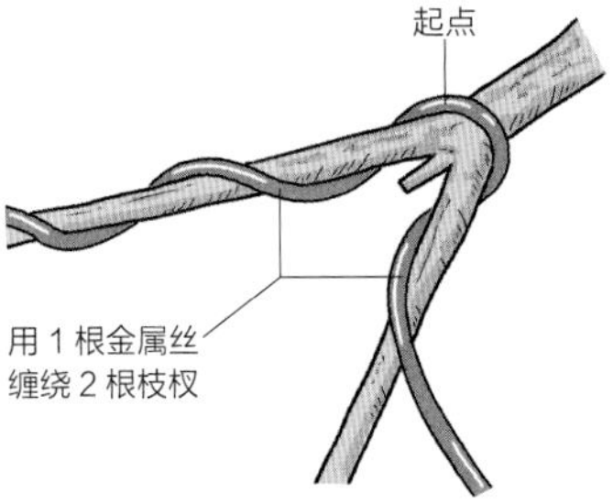

3 在枝杈分枝处固定金属丝

在枝杈分枝处缠绕金属丝，按照螺旋状缠向枝杈顶端，1 根金属丝可以缠绕 2 根枝杈。缠绕细枝用细金属丝。

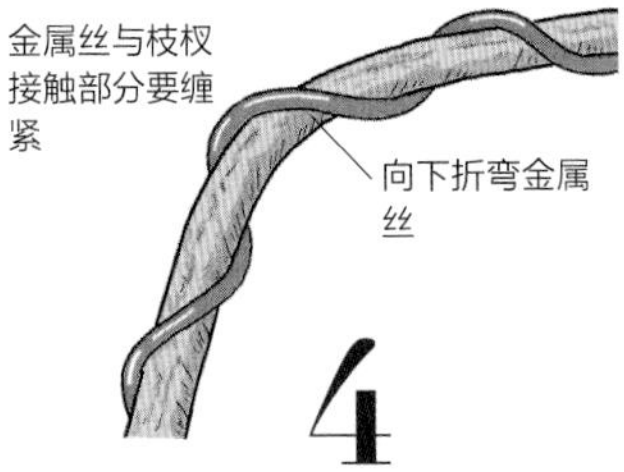

4 折弯枝杈

用大拇指指腹压紧金属丝，使其和枝杈紧密贴合。请勿折断枝杈，避免金属丝与枝杈没有紧密贴合。

缠绕金属丝的正确方法・错误方法

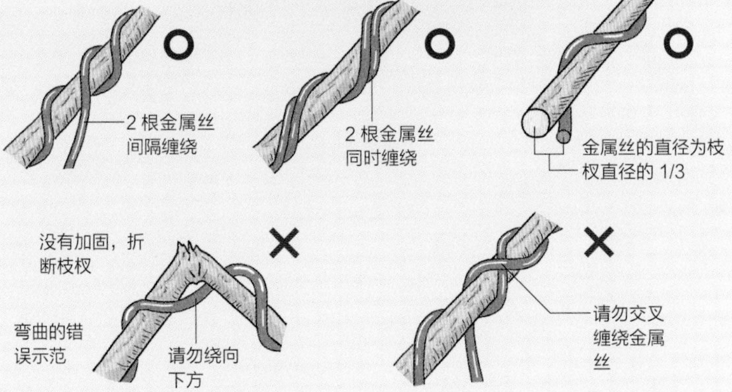

金属丝缠绕诀窍

缠绕 2 根枝杈

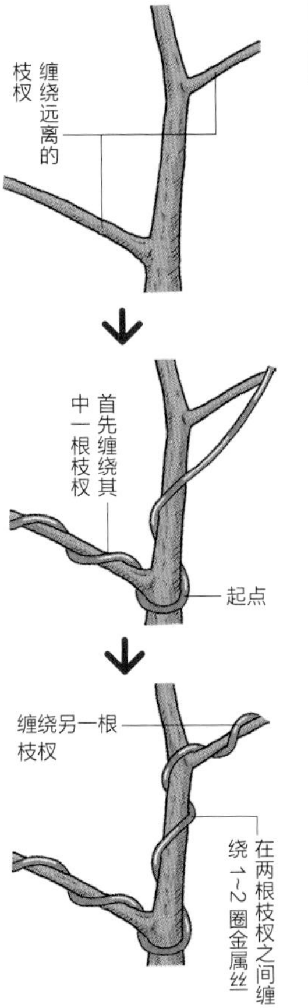

1 根金属丝缠绕 2 圈

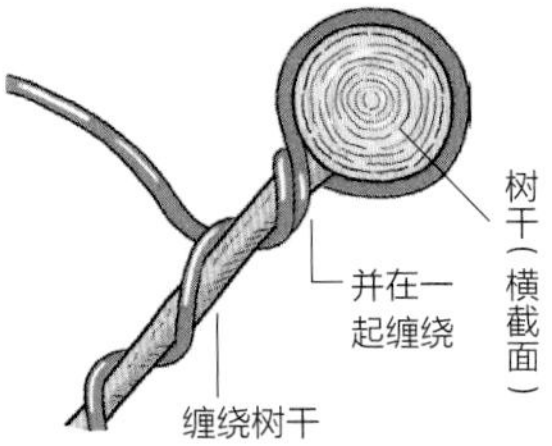

画龙点睛之处

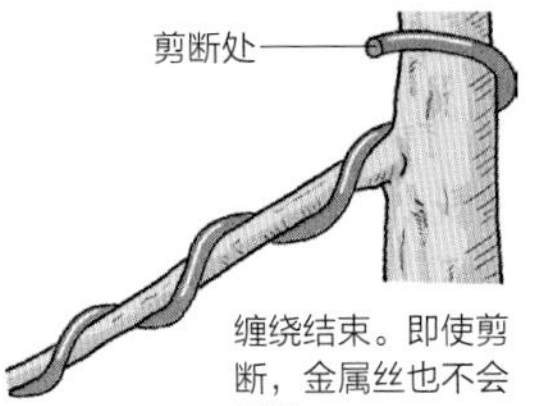

缠绕结束。即使剪断，金属丝也不会松散

了解枝杈本来的方向，有效缠绕金属丝

用手轻轻压弯枝杈，了解枝杈的生长方向。如果沿着手压弯不了的方向缠绕金属丝，会导致枝杈折断。

平时用手确认枝杈的弯曲方向，推敲金属丝缠绕后的树形。按照易于弯曲的方向缠绕金属丝更利于造型。

骨架固定好后给小枝塑形

幼年阶段的树木，其树干柔软，这时缠绕金属丝更有效。但同时，其树木内侧的组织比较脆弱，容易受到损伤。弯曲程度不易过大，树干和枝杈较粗的地方可以大胆地进行塑造。树干和枝杈会逐渐生长，为了防止金属丝嵌入枝杈内部，一段时间后要拆卸金属丝，重新缠绕。

拆卸金属丝时，可以用扁嘴钳或钢丝钳将其剪成小段后拆卸。使用过的金属丝不能二次利用。

缠好树干和枝顺后，再用细金属丝缠细枝。缠绕到枝冠后用镊子或钳子固定。松柏类盆景中的五针松并不是向上生长，因此要进行『起芽』的矫正工序。

如果要大幅度改造树形，需要养护树干表皮和枝杈

并不是所有造型都是慢慢进行的，如果想要改造粗枝，有时候需要用拉长或按压的方法。这种情况会给植物带来巨大的负担，可以给金属丝套上橡胶管或塑料软管，避免给盆景枝杈造成伤害。（➡P177）

枝杈根部缠绕方法

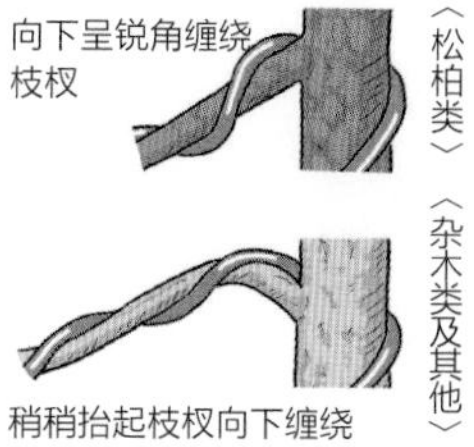

二股枝缠绕方法

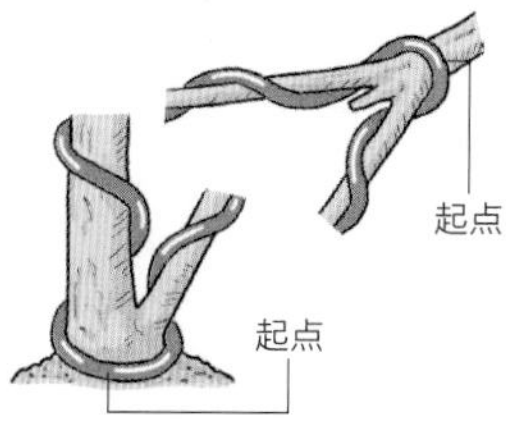

金属丝连接点

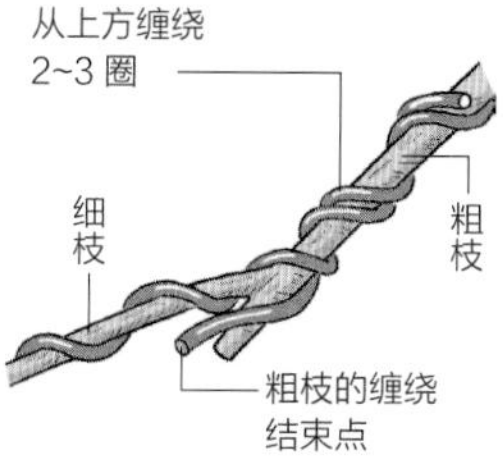

改变缠绕方向

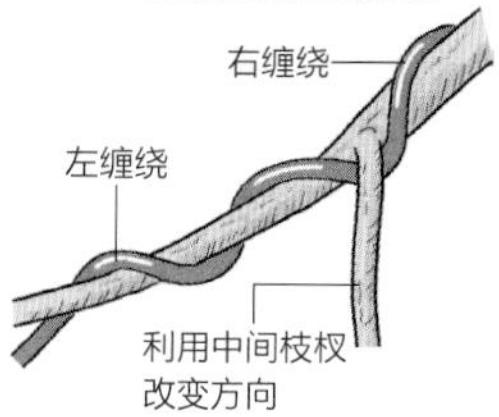

枝杈根部固定

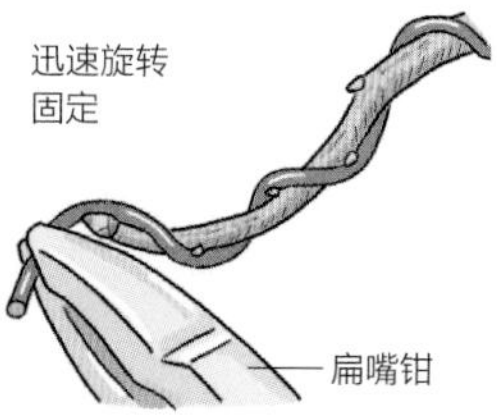

金属丝伤痕处理

金属丝嵌入处形成伤痕，伤痕两侧膨胀。将膨胀的地方切除，涂抹愈合剂

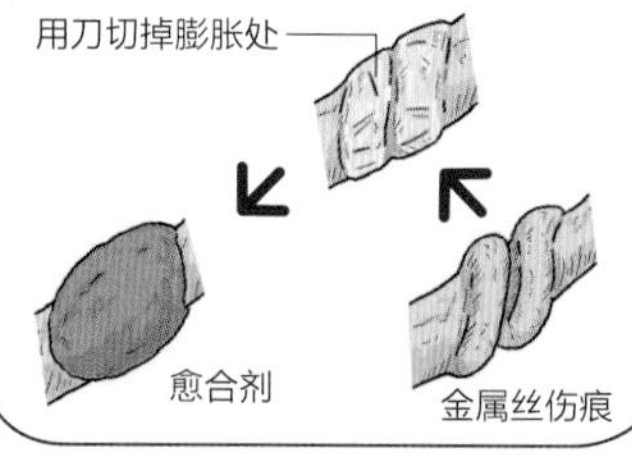

金属丝拆卸方法

弯曲度大的地方，金属丝容易嵌入枝杈中。如果嵌入一点，可以用扁嘴钳或钢丝钳剪掉，之后用手拆除

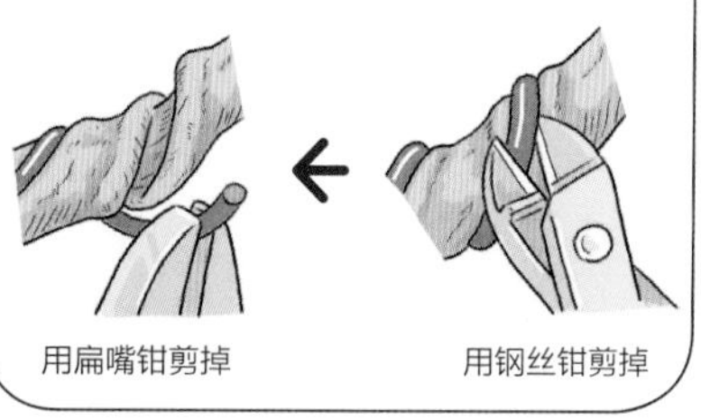

盆景的制作技巧 5

繁殖方式

盆景的繁殖方式有很多。对于优良的树木和相同性质的子株，可以通过分株或扦插的方式进行繁殖。

移植时繁殖植株

分株

植物生长旺盛，会在花盆里长出若干个根、枝、茎。移植小型盆景时，仔细观察枝杈和树根，进行分株，可以得到若干个植株。

从根部发芽的分枝式树木品种都可以进行插根（↓P184），且分株相对容易。将根部切分成若干个，使其各自繁殖。

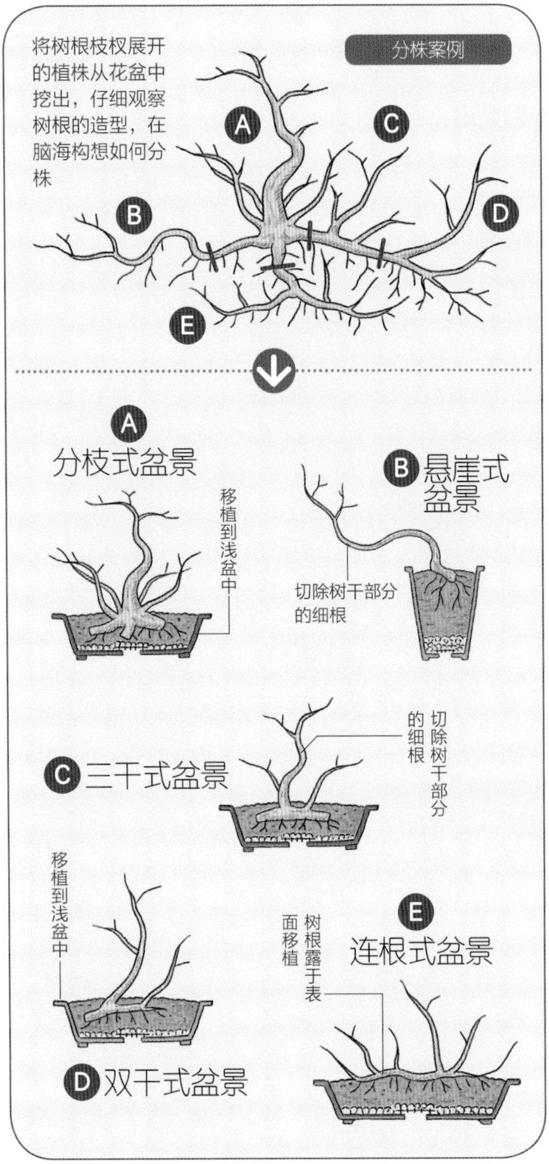

分株基本步骤

1 切开植株

用修根剪切下主干。切下的部分可以继续发芽，树根也够用。

2 进一步分开

从多个角度观察切下的部分，继续切开能单独成为植株的部分。

1 棵植株变为 3 棵。切口要平整光滑。树根成为主干后，其自然弯曲的样子十分有趣。

扦插

不增加母株负担，是可以继承优势的繁殖方式

扦插可以使用修剪时的枝杈，这时很容易得到大量材料。松柏类的扦插稍有难度，但是杂木类的扦插成功率很高。

如果扦插弯曲得较特别的枝杈，还可以享受从生长到塑型的乐趣。枝杈继承了母株的性质。如果选择叶性好的树木枝杈进行扦插，也会更有利于繁殖。

适合扦插的时节一年有很多次。春插、古枝扦插可以和移植同时在早春进行。梅雨扦插（绿枝扦插）可以在梅雨期扦插健康的新梢。夏插是指在7~8月扦插常绿树的徒长枝。

除此以外，蔷薇科植物更适合秋插。

樱花树扦插

1

梅雨时分扦插樱花。修剪时从生长势头好的新梢中选择节短的枝杈作为插穗。

2

将选定的枝杈放入水中浸泡 30 分钟，使其更易于生根。对于水插生根的树木品种，可以用水苔压住，防止漂移，使其生根。

3

在花盆里填入干净的土，水没过土壤高度，将插穗依次插入土中。大的叶片可以剪掉一半。

4

扦插结束后将花盆从水中捞出，将水注入底盆，水深要低于插穗顶端，通过底面供水（➡ P43）培养，直至生根。

5

观察根部是否从盆底冒出，判断是否生根。移植时，根部开始生长基本没有问题，但是要注意根部置于水中后就会变弱。

6

将生根伸展后的树苗移植到大的素烧盆中，移植培养，使其根部茁壮生长，直到第二年移植。

春插方法

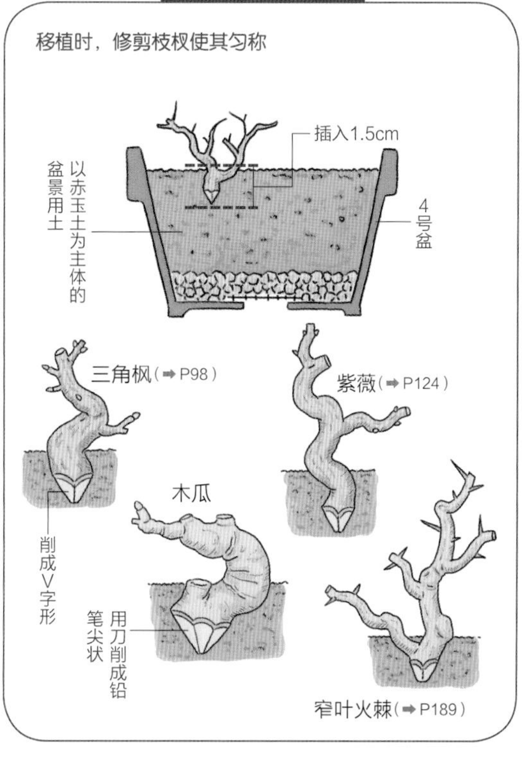

播种

树木品种各有其性，但都有顽强的生命力

幼小的种子从发芽到生长的过程需要格外用心呵护。播种时，树木的特性还是未知数，可能无法想象脱离砧木后生长为参天大树的样子。

在我们身边可以发现很多种子。山野、河滩、公园、寺庙，到处都可以捡到种子。虽然不可以在公共场所采摘果实，但是寻找掉落的种子和果实也是有趣的郊游体验。

潮湿的种子（有果肉）和干燥的种子（有翅膀）保存方法各有不同。

潮湿的种子干燥后难以发芽，果肉中有抑制发芽的成分，因此要剔除果肉。剔除果肉后和潮湿的沙子混合在一起保存。如果是干燥的种子，保存时需要在沙土中放入干燥剂。

种子处理方法

种子保存方法

放入冰箱或蔬菜室（5℃左右）保存

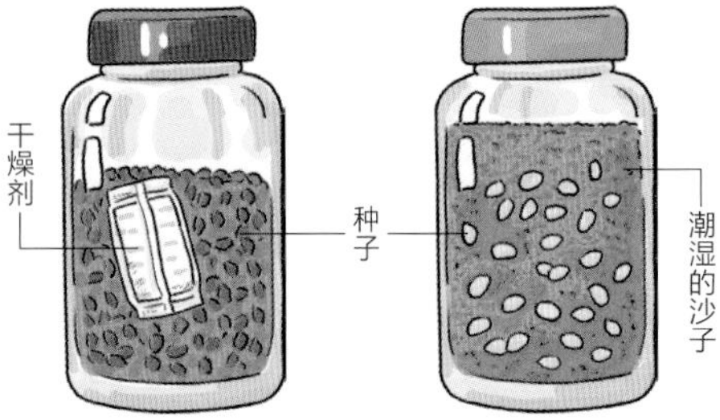

干燥的种子

和干燥剂一起放入瓶子里保存

潮湿的种子

将种子和潮湿的沙子混在一起，放入瓶子中保存

选取种子

有翅膀的干燥种子

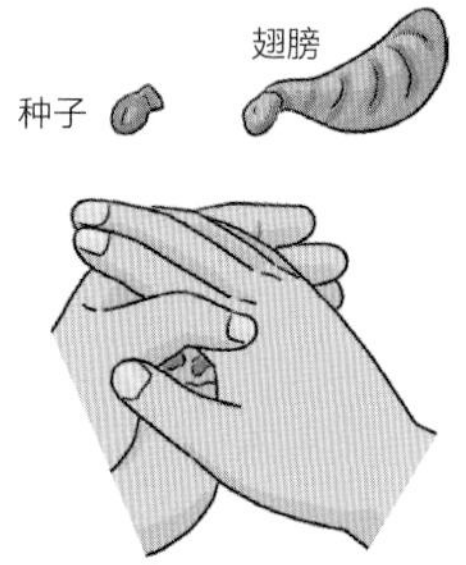

置于掌心摩擦，剔除翅膀

有果肉的种子

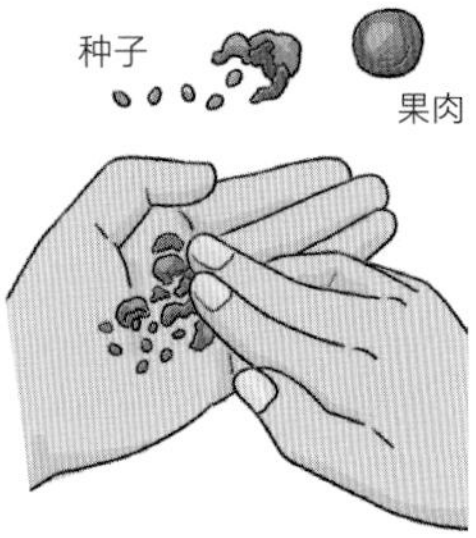

在掌心揉碎果肉，用水剔除剩下的果肉以及半透明的抑制发芽的物质

播种方法

盖网

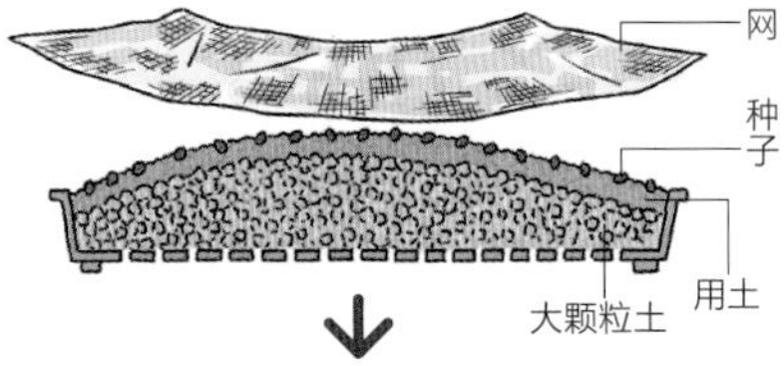

为了防止网上浮，用金属丝或细绳捆住

实生苗阶段折弯的方法。根部深入大颗粒土的缝隙中，茎会沿着网覆盖的方向呈现自然弯曲状态

种子较多时

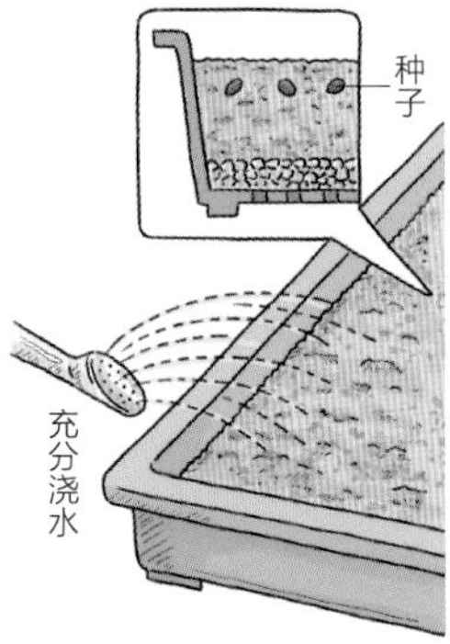

用育苗箱播种。为了防止种子蹦出或土壤不平，尽可能使用小眼喷壶

种子较少

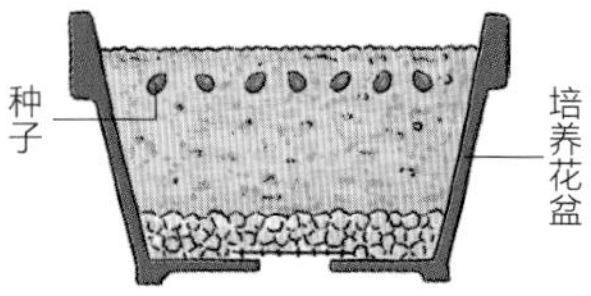

种子数量较少时可以用花盆培养。为了避免种子重叠在一起，分散撒开

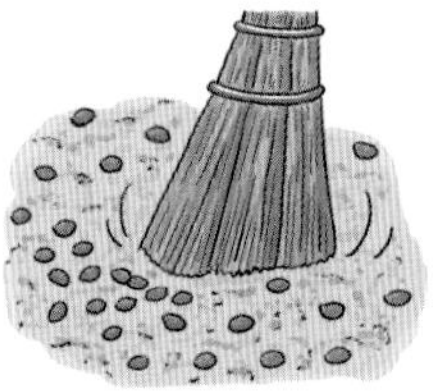

用刷毛均匀刷开

种子在低温环境中发芽率很高，因此可以将种子置于冰箱，或混入土中后放在户外过冬。播种后要防止土壤干涸。

播种的魅力之一在于可以在幼小的树苗生长过程中对主干进行造型。如果主干过粗，则难以缠绕金属丝。因此可以在为幼苗盖网时或移植时缠绕金属丝。

打造直干式盆景或帚立式盆景时，如果任由植株生长，树干会长得过高，这时可以用『轴切法』打造低树形。

采用轴切法时，为了防止插穗倒下，需要从底部供水，使其从盆底吸收水分。

播种实例

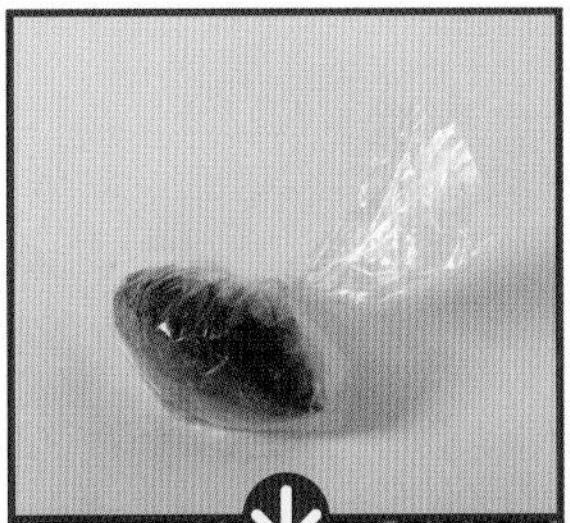

1

春天播种去年秋天采摘的落霜红种子。将剔除果肉和抑制发芽物质的种子混入潮湿的沙中，放入冰箱中保存。

2

播种。比沙粒略大的长椭圆形物质是种子。种子上还有果皮残留，但去除了抑制发芽的物质。

3

在浅盆中填入大量大颗粒土，再覆盖薄薄的一层盆景基本用土（小颗粒赤玉土），将种子均匀地撒在潮湿的土壤中。

4

播种结束后。用刷毛轻轻弄平，确保种子均匀分散开。

5

用盆景基本用土覆盖。为了防止种子移动，务必要轻轻覆盖。在这个阶段也可以进行盖网。

6

由于在这道工序前没有盖网，因此幼苗向着太阳的方向茁壮生长。而现在盖网也来得及。

轴切法

降低直干式盆景（▶P21）和帚立式盆景（▶P23）的树苗树干高度，将树干切短为1cm以下

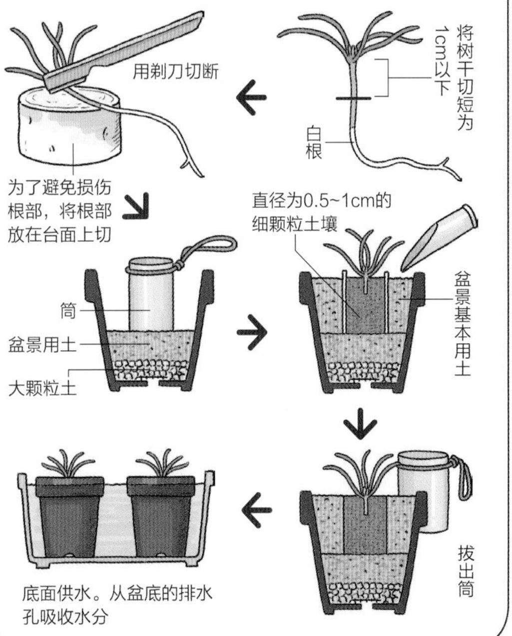

压枝

如果树木生长迟缓或者树干遭受虫害，可以人为地使树干或粗枝中间的木质部外露，进行压枝。这种方法又分为环状剥皮、舌状剥皮、捆扎法等。主要条件为树木健康。

榔榆树压枝

1
对榔榆树进行环状剥皮，将生根剂渗入用绳状纸巾包着的地方（➡ P94~P96）。

2
用潮湿的水苔包裹切口。如果需要用土，用塑料薄膜缠绕成杯子状。

3
将透明的塑料薄膜缠好后，可以从外面确认生根状态。

4
按上松下紧的方式系上金属丝。下方设置若干个小排水孔。

5
用玻璃吸管或注射器从上面浇水（生根后对策➡ P97）。

压枝方法

环状剥皮

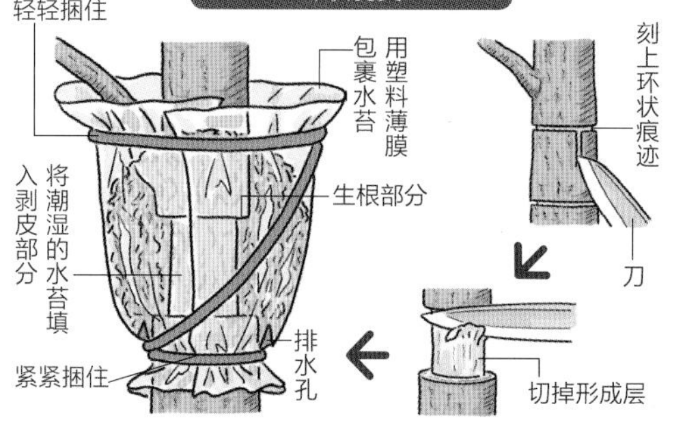

舌状剥皮

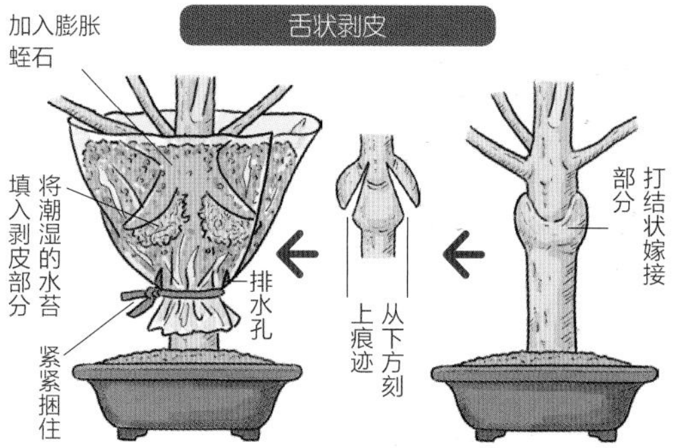

捆扎方法

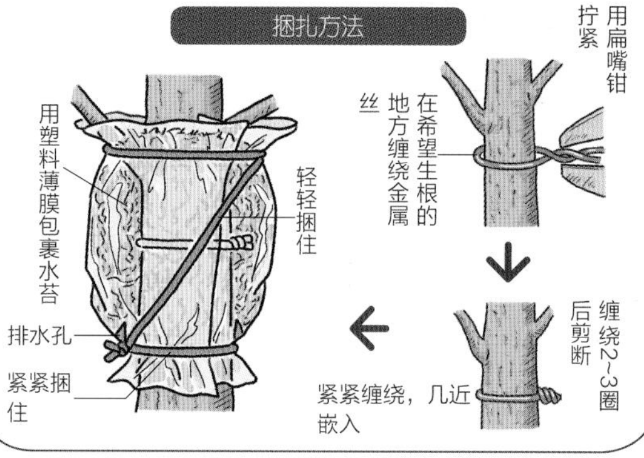

嫁接

嫁接方式多种多样，并且有趣。但是如何让嫁接接口不明显是一道难题。对于追求树干枝杈自然美的盆景来说不推荐该繁殖方式。

将叶性、开花、结果良好的接穗嫁接到健康的砧木上，该繁殖方式只适用于没有枝杈或弄坏的植物，是『无计可施时的繁殖方法』。

不管使用哪一种嫁接方法，最重要的是要让接穗和砧木的形成层紧密结合，确保可以不间断地供应水和养分。尽可能使切口平滑，为了防止干枯，用塑料薄膜条扎紧固定。快速完成后，为了防止后期干枯，也要勤于养护和管理。

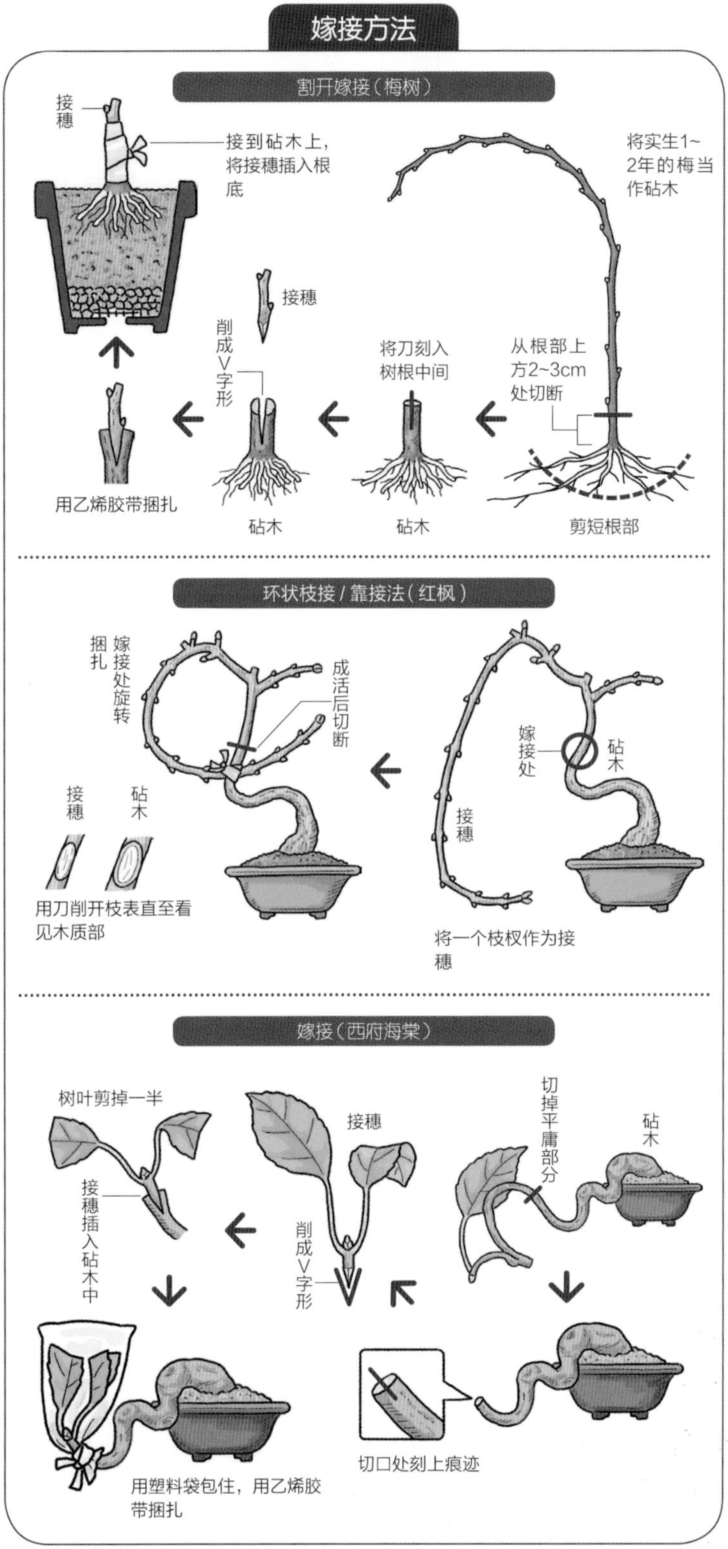

盆景的管理

在盆景生气勃勃生长的同时保持美态，需要日积月累的修剪和观察。探索和生活作息吻合、能持续培养的节拍吧。

盆景的管理❶

放置场所

根据盆景习性寻找摆放场所

比起特别的摆放位置，不如放在生活中想要摆放的地方。如果盆景没有理想的摆放位置，先放在自己喜欢的地方，观察盆景两周时间。

如果盆景有明显孱弱之势，改变摆放位置。如果盆景状态没有发生变化，那么可能适应了环境变化。

面对大自然各种环境变化，植物会发挥其强大的适应力。植物的适应力加上人工精心培养，使我们不管在任何地方都能欣赏到盆景那健壮的身姿。

尤其是小品盆景，所占空间小，移动方便。如果没有给你的生活带来不快，你可以将小品盆景放在眼前。

享受等待，享受有盆景的生活

植物的变化是缓慢的，因此不会立刻看到结果。等待是养护盆景的必要条件。格调变化需要时间的积累，枯萎也不是一朝之事。

每天观察植物的生长状态也极为重要。

酷暑、严寒、台风的对抗方法

日本四季分明，每个季节的盆景养护方法各有不同。如果盆景数量增多，可以搭棚养护。避免阳光直射时，使用寒冷纱或防鸟网。防寒或者对抗台风时使用稍厚的塑料薄膜。

如果有棚架，可以放在棚架下避难，并用金属丝固定。盆景放在阳台上容易干枯，夏天晚上要勤于浇水。

日照调节（右图）

遮挡盛夏的直射阳光和西晒的寒冷纱。由于颜色和型号不同，折光率也不同，根据需要选择适合的寒冷纱。抑制高温和叶片的蒸腾作用。

防鸟网（左图）

防止果实和花蕾被鸟啄，防止害虫侵入。如果不太注重遮阳效果，可以使用鲜艳的颜色。

盆景一年四季各有其美。如果能为盆景打造专有的放置场所，预防气候变化，更能悠然自得，享受其中。

摆放位置

盆景放置台

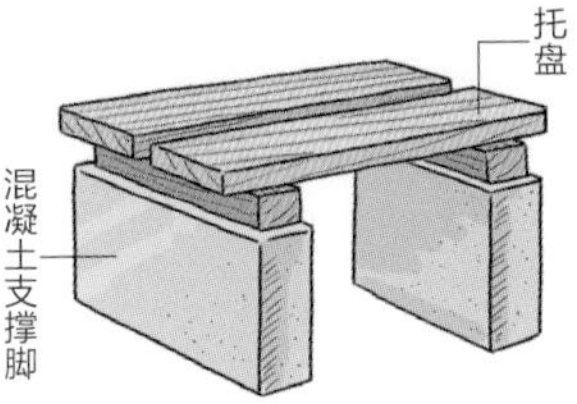

如果托盘较大，则支撑脚要下一番功夫

简单的盆景放置台

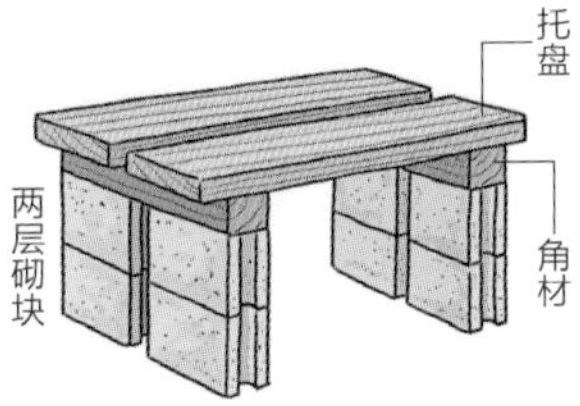

托盘可以吸水，可以适度保湿，防止阳光反射

迷你盆景放置台

迷你花盆里的土壤短时间容易干涸，要注意保湿

小品盆景放置台

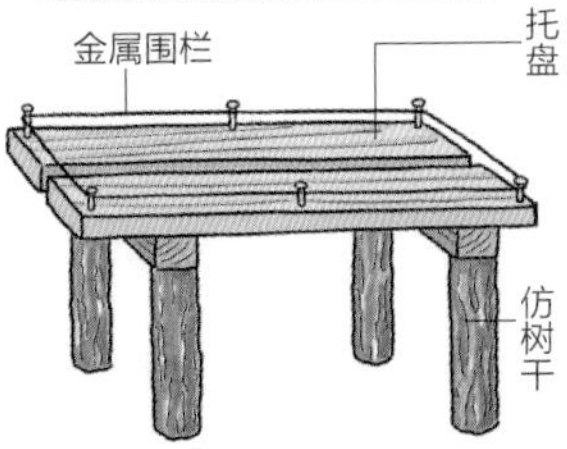

由于刮风、下雨，小品盆景的花盆很容易掉落，因此要设置围栏

摆 放 位 置 要 点

- 首先尝试摆放在身边的地方
- 最少需要观察 2 周时间
- 营造方便每天打理的环境
- 选择易于应对季节变化、灾害、虫害的方案

盆景的管理 2

浇水

盆景特有的浇水方法

浇水的基本原则是『表面土壤干涸后，充分给水，直到水从盆底排水孔流出』，而每日定量浇水是前提条件。

实际上只观察土壤表面无法了解土壤深部情况。有时候尽管长时间下雨，但也只是表面土壤湿润，根部却完全没有吸收到水分。

许多盆景的花盆较浅，大部分水分还未到达根部之前就已经蒸发。要知道根部未必能吸收到所有水分。根部要同时吸收水和空气，水分不足会导致根部组织受损，从而导致根部更加无法吸收水分。如果表面土壤湿润，根部持续缺水，最终会导致盆景枯竭。

为了避免这样的情况发生，浇水时要托起花盆，切身感受浇水前后花盆的重量差。不仅是重量差，用手指轻按土壤表面时的触觉、土壤的味道都是了解盆景状态的指标。

遵循生活旋律，防止水枯竭

盆景的理想状态是每天浇水两三次，但是实际生活中可能无法实现。冬天，天气寒冷，无须每天浇水，但植物发芽前需要充足的水分，因此每隔两三天要浇一次水。

如果做不到每天浇水，就选择一个较大的花盆，一次供应足够的水分，并制定适合自己生活习惯的浇水时间。

夏天一天一次，冬天两三天一次，坚持这样的浇水习惯也可以解决植物枯萎的问

用浇水管洒水

夏季以及容易干燥的春季、秋季，观察盆景整体状态，给所有盆景浇水。浇水有利于调节温度和湿度。在略高处给予充足水分，这样水流会较轻柔。

用喷水壶浇水

选用孔眼小的喷水壶，宛如细雨般给水。使用时，要从高处浇水。对于植物生长茂盛的花盆，要用一只手托住叶片，靠近浇水。

断水的信号

右图为由于水分不足而枯萎的盆景。需要制定适合自己生活习惯的浇水时间，防止水分不足。

对于小品盆景来说，断水关乎生死。盆景枯萎前一定会发出求救信号，一定要留心观察，以免错过。尽早采取应对措施，用移植法确认根部状态。叶尖枯萎就代表由于根部受伤或打结，无法充分吸收水分。

题。

即使干涸，植物在枯萎之前都会发出信号。水渗透性差、树叶边缘枯萎都是水分不足的信号。一旦缺水，要立即采取应急措施，补充水分，进行底面供水。移植时要观察根部是否恢复。

盆景浇水基本方法

浇水前后，手托起盆底，了解浇水前后的重量差
如果枝叶茂盛，用手托起叶片，确认水渗透进土壤

盆景养护基本方法

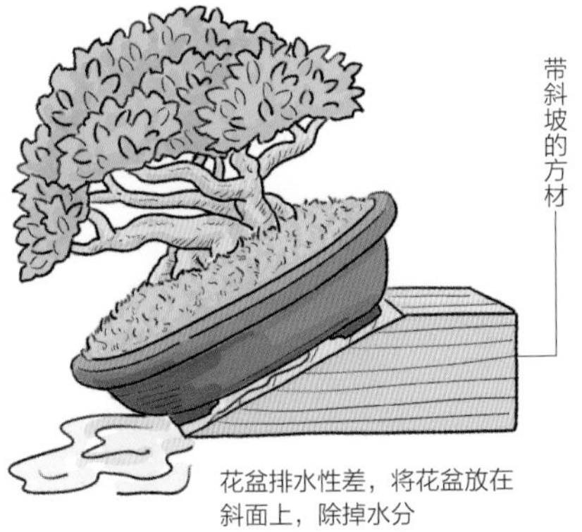
移植后或者是多雨季节，排水差，水分充足，根部无法吸收空气
带斜坡的方材
花盆排水性差，将花盆放在斜面上，除掉水分

浇 水 要 点

- 如果土壤表面干燥，浇水至水从盆底排水孔流出
- 即使土壤表面湿润，根部也未必能吸收到水分
- 了解浇水前后花盆的重量差
- 制定适合生活习惯的浇水时间
- 如果出现断水，通过底面供水做应急处理，移植时确认根部恢复情况

底面供水　底面供水是水分不足的应急处理。将花盆浸入水桶或水缸中，直到水从盆外没过土壤表面。水分从盆底排水孔浸入土壤深部为最佳状态。

盆景的管理③

施肥

施肥是不可缺少的，但切勿过度施肥

植物生长需要光、空气、水、养分四大要素。由于盆景生长在花盆中，本身已被大幅度限制，因此通过施肥补充养分更是不可缺少。

由于根量较少，无法吸收土壤中全部肥料，如果肥料浓度过高，会伤到根部，反而给树木带来负担。适当施肥能为植物生长提供能量。

对于冬季处于休眠状态的树木或者是孱弱的树木，要控制施肥量。对于大幅度修剪、移植或受损的树木，一个月内不能施肥。如果是盛夏季节，将易于吸收的液态肥稀释，一周施肥一次即可。

如果想要欣赏开花结果，移植时应施基肥，开花到结果期间不要施肥。

肥料的种类和不同用途的肥料的选择方法

肥料补充的养分主要是氮（N）、磷（P）、钾（K），市面上销售的混合肥料会标有氮、磷、钾的调和比例。

氮又被称为『叶肥』，有助于茎、叶、干等组织形成；磷有助于开花、结果，因此被称为『花肥』和『果实肥』；钾可以调整树根的生长发育，因此被称为『根肥』。

一般来说，松柏类和杂木类盆景使用以氮为主体的肥料，观花盆景和观果盆景使用以磷为主体的混合肥。要仔细观察植物的状态，根据需要区别使用。

搭配盆景基本用土的肥料

液肥

以氮（N）、磷（P）、钾（K）为主体，加入营养素的液体肥料。可以根据氮、磷、钾的调配比选择适合的液肥。该肥料为原液，请按照比规定稀释比例高的比例稀释。植物能够快速吸收，但是养护时间短。每隔7~10天使用一次，可代替浇水

固体肥料

根据用途，按照氮、磷、钾的调配比选择适合的固体肥料。颗粒分为大粒、中粒、小粒，可以根据花盆的大小选择。具有缓效性，可以用于搭配基肥或者干燥肥料

玉肥

以发酵油粕（氮）为主体，搭配骨粉（磷酸），是能够抑制发酵油粕特有臭味的有机肥料。缓效性

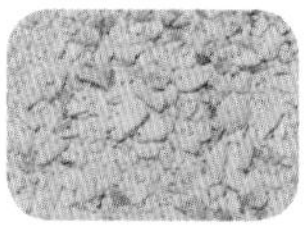

骨粉

磷酸肥料。迟效性，效果慢，可以用来制作花卉和果树的基肥

*各种肥料的用法请参考使用说明

施 肥 要 点

- 土壤较少的盆景也必须施肥
- 施肥过多会适得其反
- 如果给孱弱的树木施肥，会增加其负担
- 观花盆景以及观果盆景，开花到结果期间不需要施肥
- 根据需要改变施肥方法

（氮 = 叶肥）（磷 = 花肥、果实肥）（钾 = 根肥）

不伤根的有效施肥方法

植物依靠根部最前端吸收肥料，如果施固体肥料，要将肥料放在根尖伸展的方向，也就是盆景花盆的周边。

如果将固体肥料直接埋进土壤，肥料和根部直接接触会导致根部灼伤，因此要放在土壤表面。为了防止浇水或刮风时肥料掉落，将金属丝做成U形针以固定肥料。

肥料的包装上有有效期，有的固体肥料一个月后就会变质，还有的肥料虽然看上去形状没有变化，但是触碰后就会松散。

施肥时，不仅要了解树木品种的性质，还要观察树木的状态，判断生长阶段，根据情况适当增减肥料。

颗粒肥使用方法

1

将金属丝做成U形针，夹住颗粒肥。如果是小颗粒肥料也可以用别针夹住。

2

如果是大型花盆，可以将肥料放在土壤边缘处。不要和根部直接接触，要按照一定间隔放置后固定。

如果使用U形针，整根移植时会比较方便。

如果是大型花盆，不担心肥料被风吹走的话，可以在花盆的边角处撒一些小颗粒肥料。

盆景小知识

春秋季生长发育的树木，每个月施加一次固体肥料或者玉肥即可。移植后一个月内不可以施肥。小树吸收快，要注意减少肥料，并观察叶片状态。如果树木孱弱，停止施肥

液肥的施加方法

对于枝叶茂盛的盆景也有效

将稀释的肥料装入喷水壶，然后喷洒。盆土的所有地方都要浇到

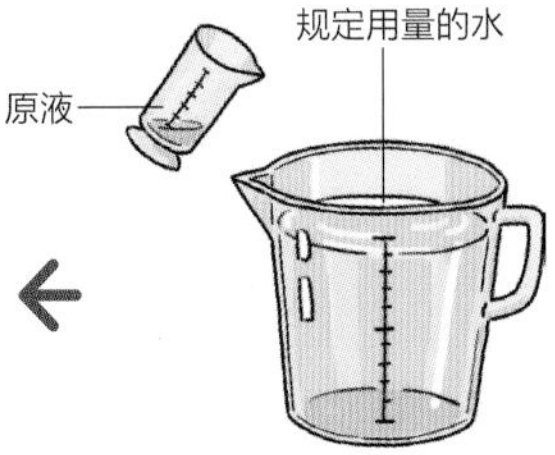

用量杯测量水量，浓度不能比规定的比例低

基肥的施加方法

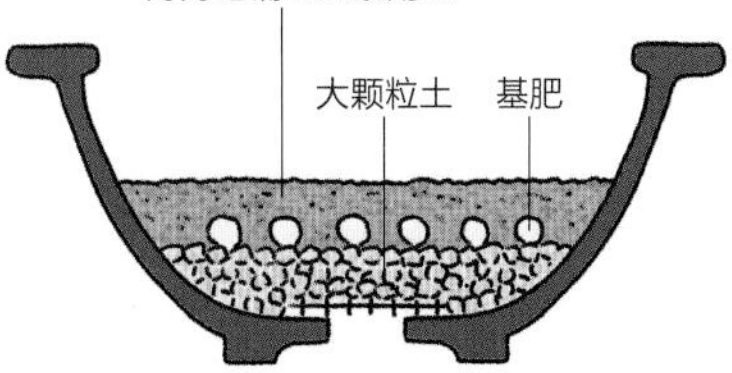
薄薄地铺上盆景用土

移植观花盆景或观果盆景时，在大颗粒的土壤中撒一些缓释固体肥料或骨粉，然后薄薄地盖上一层盆景用土

病虫害防治

强健盆景，防患于未然

植物生于自然之中，难免遭受病虫害侵扰，盆景也一样。由于盆景遭受病虫害之后非常难对付，所以防患于未然、创造不易遭受病虫害的环境非常重要。

整理好枝叶后，要将盆景相互隔开来摆放，减少荫蔽之处，这个简单的措施可以很大程度地降低病虫害的发生率。相对来说，生命力旺盛、不易生病的树木也不易招虫害。

但是，大自然中的害虫存在了千百万年，生存能力超强，几乎无处不在，很难完全隔绝它们。根据经验，如果预测到可能会发生虫害，就要提前做好预防措施，以有效减少受灾情况。另外，还要随时仔细观察花盆周围、植物叶片的背面，如果发现虫卵、虫粪、木屑，可以用水将其冲掉，也可以用牙刷将其刷掉，尽可能不使用药剂。

药剂使用注意事项

用于杀虫、杀菌的药剂，也会对人和植物产生危害。

对于植物来说，使用药剂的次数越多，害虫和病菌对药剂的抵抗能力越强，药剂的效果就越差。所以，在使用时一般需要交替喷洒多种类型的药剂。但是，药剂的混合也有风险，例如会出现意料之外的化学反应。所以不要随便混合，最好仔细阅读使用说明。

调配出来的药剂也不要高于规定的浓度，因为高于规定的浓度不仅没有效果，而且

病害症状

缩叶病

4~5 月，梅树、桃树的叶片呈现不规则状萎缩，被灰白色粉状物覆盖，直至落叶。出现后无法治疗，因此预防很关键（例：桃树）

茶饼病

初夏或秋季，山茶、杜鹃花易出现的霉菌病。新叶肉厚，阳光照射下会变红。在红色变为白色之前摘叶（例：山茶）

白粉病

发生在初春或初秋。发病时茎叶上出现白色粉末状的霉菌。用杀菌剂预防。如果落叶范围扩大，使用专业药剂，防止扩大（例：卫矛）

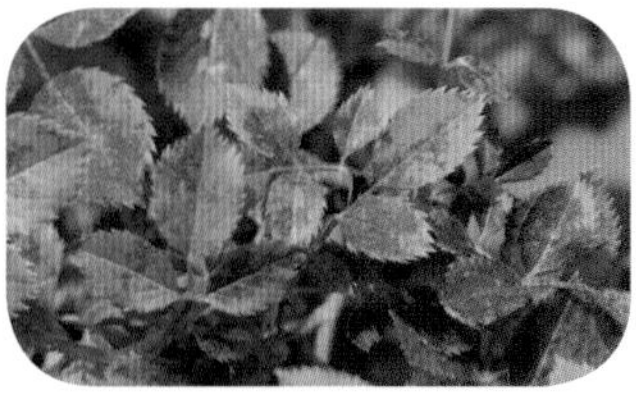

黑星病

蔷薇科植物的茎叶沾上病菌后，出现黑色斑点。过冬后的第二年春天，病菌依然会侵害植物。切掉患病果实，或者用专用杀菌剂预防（例：玫瑰）

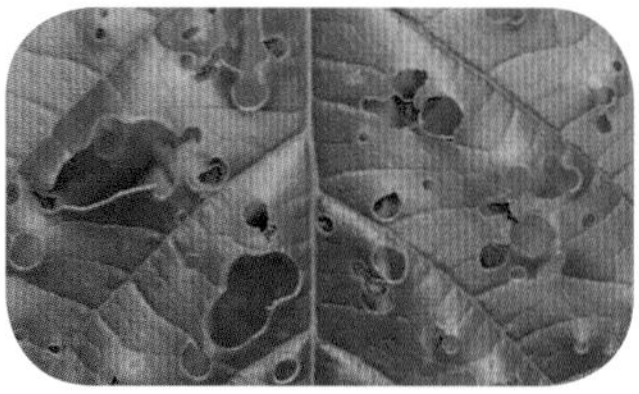

细菌性穿孔病

桃、樱、梅等树易患的细菌病。刮风、下雨会使病害扩散。用细菌专用杀菌剂预防，霉菌杀虫剂无效（例：实樱）

煤烟病

春季到秋季间发生。枝叶沾上蚜虫或介壳虫的排泄物后，表面变黑。冬季用杀菌杀虫剂预防（例：齿叶冬青）

害虫的种类和特征

蚜虫

蚜虫的排泄物是煤烟病的病源。在新芽全部长出时，喷洒蚜虫专用杀虫剂（例：梅树）

介壳虫

吞食枝叶和树干。种类繁多，杀虫剂基本无效。预防或者是用牙刷刷掉
上图：日本纽绵介
下图：红蜡介

象鼻虫

在树叶上制作“摇篮”的象鼻虫。象鼻虫会将树叶卷成筒状的“摇篮”，十分显眼（例：榔榆、辛夷、虎杖）

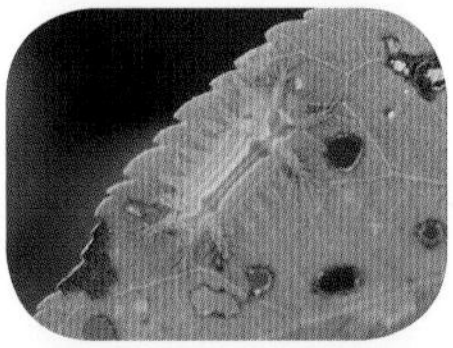

丽绿刺蛾

7~10 月出现。如果戳碰到绿色的毛虫刺，非常痛。卵附着在叶子背面，幼虫呈黄色（例：樱树、榉树、柿子树、三角枫）

叶蜂

成虫切开刚长出的枝茎产卵。4~11 月孵化出幼虫，幼虫会吃掉叶片。幼虫有光泽，是群生性动物（例：玫瑰、野蔷薇）

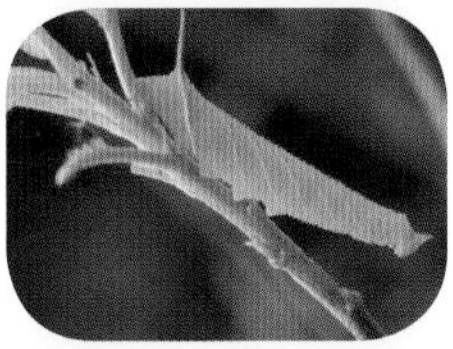

栗六点天蛾的幼虫

天蛾的一种，成虫类似枯叶。天蛾类的幼虫每年会出现 1 ~ 3 次，吃叶片（例：栗子树、柞树、橡树、栎树）

天牛

星天牛的幼虫。隐藏在树干中过冬，要注意木屑的出现。成虫靠吃树干表皮和树根为生（例：榉树、三角枫、百日红、日本紫茎）

对植物也有伤害，但低于规定的浓度反而具有一定的效果。

喷洒时，尽量把自己的皮肤遮盖起来，同时要佩戴面罩、戴上橡胶手套。为了避免药剂伤害植物，应事先充分洒水。

喷洒时，尽量遮盖自己的皮肤，佩戴面罩以及橡胶手套。为了避免药剂伤害植物，事先要充分洒水。

春季预防，要在冬季进行

冬季使用液体杀虫剂、杀菌剂的效果好，能有效预防红蜘蛛、介壳虫等虫害。

但是，药剂对人体也有很大的影响。所以，最好用刷子涂抹，避免喷洒药剂。对于小品盆景，可以将其倒过来，头朝下浸入稀释液中。

防 治 要 点

- 不要让疾病、害虫靠近健康的树木
- 花盆隔开距离摆放，不要有阴影部分，防止病害发生
- 病害、虫害发生时期，观察花盆周围和叶片背面，尽早驱虫
- 使用杀虫剂时，要阅读说明书，谨慎使用

浸泡小品盆景

液态杀菌杀虫剂效果明显，但是也会对人体产生危害，因此要佩戴面罩和手套，谨慎使用。用于小品盆景时，将盆景倒置浸入稀释液中。注意防止泥土掉落。冬天，可以在挥发少的阴天或无风的傍晚操作

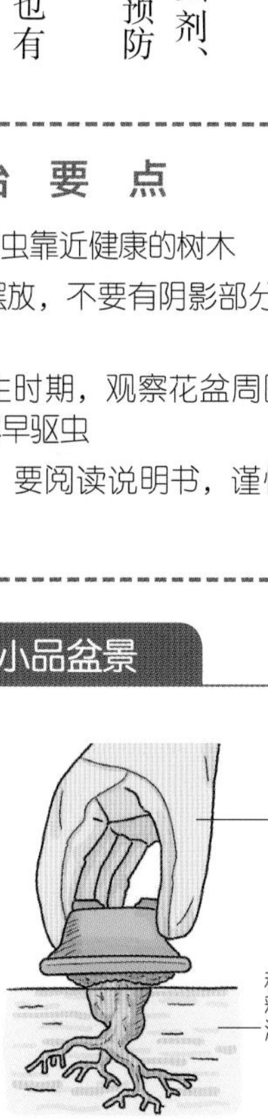

春季

3月

工作	杂木类盆景的移植	上旬
	蚜虫开始出现	中旬
	山毛榉压枝（出芽前缠绕金属丝）	
	出芽前搬出户外	
	杂木类盆景压枝（榉树、枫树等）	
	松柏类盆景移植	下旬
消毒	害虫预防对策	
肥料	不施肥	

4月

工作	赤星病防治	上旬
	摘芽（枝叶展开前）	
	适合移植时期	中旬
	摘黑松新叶（从新芽的中间折断）	
	为需要交配的树木品种准备公树	
	榉树摘芽（频繁）	下旬
消毒	涂抹杀菌剂（一个月涂抹两次以上）	
	喷洒杀虫剂，驱除害虫	
肥料	开始为黑松施肥	
	观花盆景、观果盆景暂不施肥（持续到6月）	

5月

工作	移植山橘最佳时期	上旬
	黄金络石的最佳切割时期	
	杂木类盆景压枝的最佳时期	中旬
	枫树剪叶	
消毒	蚜虫防治	
	黑松枯叶病	
	涂抹杀菌剂（一个月涂抹两次以上）	
肥料	所有盆景施肥（观花盆景、观果盆景除外）	

夏季

6月

工作	咖啡透翅天蛾的幼虫防治	上旬
	黑松摘芽前充分施肥	中旬
	栀子交配（花朵不能沾上雨水）	下旬
消毒	霉病防治	
肥料	涂抹杀菌剂（一个月涂抹两次以上）	
	所有盆景施肥（观花盆景、观果盆景除外）	

7月

工作	防晒对策	上旬
	贴梗海棠剪叶（小枝增加）	
	黑松切芽（老树）	中旬
	黑松切芽（老树）	下旬
消毒	病害、虫害防治（高峰期）	
	涂抹杀菌剂（一个月涂抹两次以上）	
肥料	所有盆景施肥	

8月

工作	夏天要防止盆景干枯	上旬
	五针松最佳移植期（持续到9月中旬）	下旬
	留意台风信息	
消毒	病害、虫害防治（多发期）	
	涂抹杀菌剂（一个月涂抹两次以上）	
肥料	适当施加液肥	

冬季

12月

类别	内容	时期
工作	黑松疏叶	中旬
工作	准备搬入室内	下旬
消毒	用杀菌杀虫剂消毒	
肥料	不施肥	

1月

类别	内容	时期
	享受正月装饰	上旬
工作	松柏类盆景整枝	中旬
工作	搬入室内（在室内培养）	中旬
工作	摘除剩下的果实	中旬
工作	用牙刷刷树干	中旬
工作	缠绕金属丝（搬入室内后操作）	下旬
消毒	用杀菌杀虫剂消毒	
肥料	不施肥	

2月

类别	内容	时期
工作	准备移植所需的土壤	上旬
工作	摘除植物的老叶	上旬
工作	去除颗粒肥料的残留	上旬
工作	用牙刷刷树干	上旬
工作	神枝、舍利干最佳造型期	中旬
工作	梅树最佳移植期	中旬
工作	杂木类盆景最佳压枝期	下旬
消毒	用杀菌杀虫剂消毒	
肥料	不施肥	

秋季

9月

类别	内容	时期
工作	去除五针松老叶	上旬
工作	榅桲（蔷薇科）最佳移植期	中旬
工作	松柏类缠绕金属丝	中旬
工作	柳杉、杜松最后摘芽期	下旬
消毒	红蜘蛛等害虫防治	
消毒	杀菌（霉病发生期）	
消毒	涂抹杀菌剂（一个月涂抹两次以上）	
肥料	多施加钾为主要成分的肥料	

10月

类别	内容	时期
工作	海棠的最佳移植期	上旬
工作	黑松新芽整理	上旬
工作	松柏类盆景开始整枝（最佳期持续到春天）	中旬
工作	老叶、枯叶的整理	下旬
消毒	吞食杜鹃花花蕾的害虫防治	
消毒	根癌病的防治	
消毒	涂抹杀菌剂（一个月涂抹两次以上）	
肥料	多施加钾为主要成分的肥料	
肥料	尽情欣赏红叶，控制肥料	
肥料	欣赏红叶	

11月

类别	内容	时期
工作	用防鸟网保护观果盆景的果实	上旬
工作	落叶后，用刷子刷洗树干	中旬
工作	剪掉杂木类盆景的红叶，造型	中旬
工作	除掉黑松的老叶	中旬
消毒	线虫防治	
肥料	不施肥	

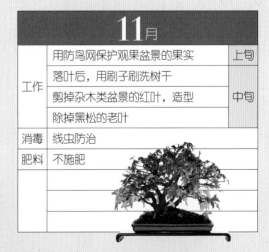

盆景的陈设

小品盆景可以观赏，也可以用来点缀你的生活。为小品盆景打造美丽的舞台。

时尚的花盆和西式窗台交相呼应。如果可以定时浇水，让盆景沐浴阳光就完美了。如果是在室内难以成活的树木品种，观赏后要转移到盆景棚中。照片中是钻地风露根盆景。

简易、奢华，任你玩转

窗台、玄关、厨房、餐桌都是小品盆景的舞台。新年或其他重要节日时，在室内、阳台或庭院里摆放上装饰兼观赏的盆景，不经意看到，都会让人心情舒畅。将盆景放在仿树干的台子上，会更加吸人眼球。

将多个盆景和小物件组合在一起，将壁龛、书架、桌子等地方打造成一个盆景展览的小世界。

盆景的陈设① 床饰

小品盆景的陈设方式，大致可分为床饰和棚饰两种。

在床饰中，由主盆景、主盆景植物线条流动方向下方的副盆景、被称为添配（或称辅助物）的小物件（如山野草盆景、石头、陈设物）3个元素来创造流动感，但仅由主盆景、添配这两个元素组成的床饰也很常见。即使在日常生活场所，也可以按照这两种方式来摆放。

摆放盆景时，副盆景应处于主盆景植物线条流动方向上引人注目的地方，它可以起到暂停视线移动的作用，使观看者的注意力不偏离主盆景。副盆景可以是『左阴右阳』的盆景，也可以是直干式盆景。至于添配，最好将其摆放在视线自然移动的结束点处。

这3个元素使盆景的摆放具有了『流动』的韵味，在日本称为『胜手』。主盆景在左胜手，副盆景在右胜手，添配位于视线自然结束处。这种摆放方式如流水一般吸引目光，体现出悠闲自得的稳定感。

在展会现场摆放盆景的话，可以像壁龛装饰那样悬挂卷轴画。此时，各元素在空间上要呈不等边三角形分布，树种的选择、整体感也很重要。

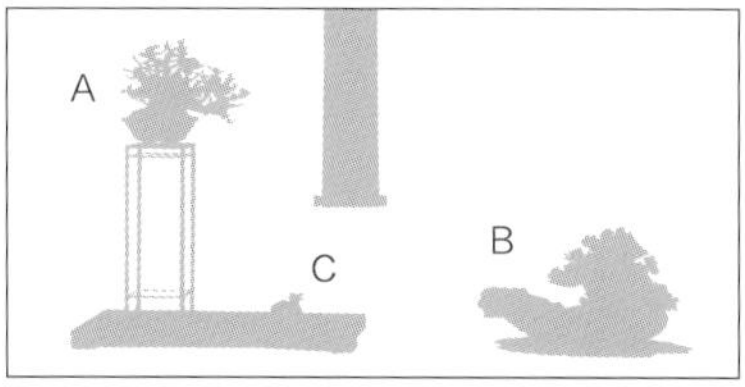

用小品盆景进行床饰时，大多是将主盆景放在高台上，将副盆景放在桌子上，以营造高低差，还可以通过悬挂卷轴画来强调高度。本例中，作为主盆景的贴梗海棠在左胜手，作为副盆景的五针松在右胜手，添配为山野草盆景。山野草盆景的季节感较强，在这里更有情趣。

A 主盆景：贴梗海棠
B 副盆景：五针松
C 添配：山野草盆景（月见草、苔藓）

棚饰

盆景的陈设②

棚饰又被称为箱形装饰，是小品盆景特有的装饰方法。在千姿百态的架子上配置多个小品盆景，架子的某一处也可以称为床饰。如果在展示会上展览，摆放用的架子也要用点心思，这样才能使观赏者获得有趣的体验。

改变摆放方法，演绎精妙绝伦的曲线

盆景的摆放数量由架子的形状决定，盆景在架子上的位置以及盆景树木品种的变化都会改变整体格调。即使决定了装饰盆景的树木品种，如何配置还需要下大功夫。

如果想让观赏者获得观赏的动力，各盆景的重量感和强度都要保持均衡。如果有一侧感觉较轻，会让观赏者不愿

不论是什么形状的架子，最高的位置都被称为天场。将整个架子比喻成一棵树的话，天场就相当于树冠。对于树冠来说，一株盆景和架子同样重要。
真柏舍利干的曲线和斜干的黑松相互映衬。双干石化桧木也展示了自己刚正不阿的格调。
另外，婀娜多姿的贴梗海棠的剪枝，洁白而美丽的三角枫的枝干，开着鲜艳、可爱花朵的常盘远志各有千秋，浑然一体的盆景装饰让观赏者如沐春风，产生共鸣。

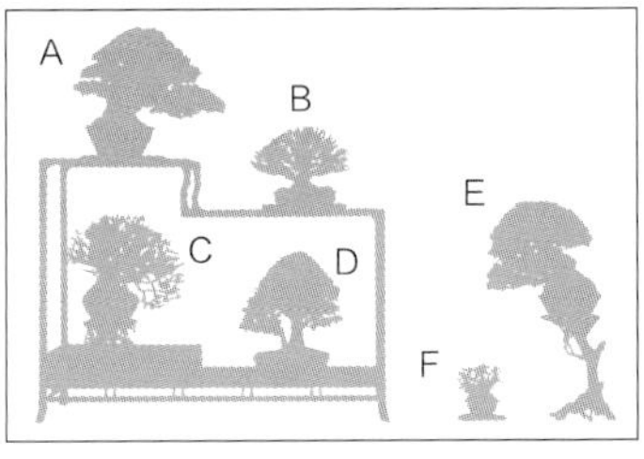

A.真柏盆景
B.三角枫盆景
C.贴梗海棠盆景
D.石化桧木盆景
E.五针松盆景
F.常盘远志盆景

意继续观赏下去。另外，动静结合也很重要。半悬崖式盆景、斜干式盆景、风吹式盆景的树形有动态感，让人感觉是在严酷的环境下生存的树形；直干式盆景、帚立式盆景、分枝式盆景会给人悠然自得的沉静感。两者组合在一起才能撩动观赏者的心弦，让观赏者流连忘返。

在展会上学习专家的盆景培养心得

如果参加展示会，可以观赏到有经验的人用心打造的盆景装饰。

盆景时而轻妙，时而厚重，可以一边观赏，一边学习。

打造匀称的棚饰

问题点

五针松（❻）向右倾斜，常绿树（❶❷❹）向左倾斜给人厚重感，中间过于轻盈。

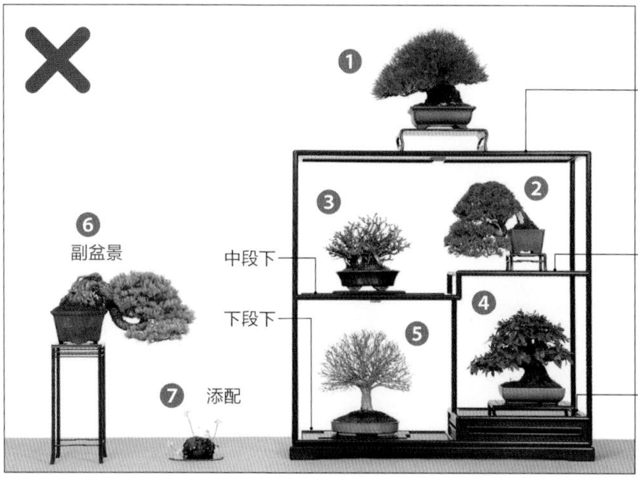

❶ 黑松盆景
❷ 真柏盆景
❸ 贴梗海棠盆景
❹ 胡颓子盆景
❺ 榉树盆景
❻ 五针松盆景
❼ 丹顶草盆景

改善点

改变架子下段的盆景摆放位置，将五针松盆景替换成矶山椒盆景。

❶ 黑松盆景
❷ 真柏盆景
❸ 贴梗海棠盆景
❹ 榉树盆景
❺ 胡颓子盆景
❻ 矶山椒盆景
❼ 丹顶草盆景

放在架子最高处“天场”的盆景，应该具有巍然屹立的力量感。

在本棚饰中，位于天场的黑松模样木稍稍向左倾斜，最左下方的矶山椒为副盆景，中段的贴梗海棠阻挡了真柏的造型线条流动，下段最下方换为具有庄重感的胡颓子盆景，添配又将视线拉回其他盆景。

现在，同为落叶树的贴梗海棠和榉树对角放置，和线条纤细的丹顶草相映成趣。山野草盆景能最先体现出季节的流转。棚饰中的多重流动韵味像是在诉说着风景的故事。

盆景的陈设③ 几架

摆放盆景时可以使用平坦的底板或者是带脚的桌子。棚饰也可以使用矮桌子或底板，放上底板和装饰品，有一眼望不穿的感觉。

高架桌宛如画框，将盆景衬托得更美。悬崖式盆景能与地面保持一定高度，将盆景装饰进行分层，把视线吸引到小世界里。

摆放盆景用的底板、桌子、架子等统称为几架，种类繁多，不要拘泥于形状。此外，身边的地毯、瓷砖以及时髦的装饰物也都可以物尽其用。

寻找适合你盆景演出的『舞台』吧。

架子

蕨形架子

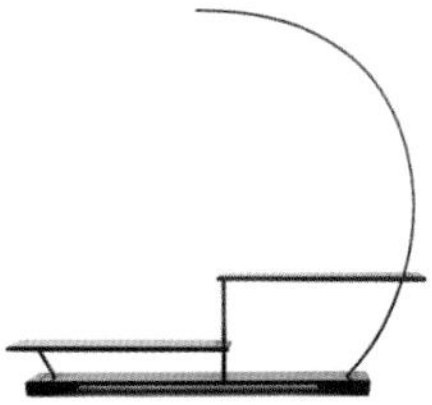

新月形架子

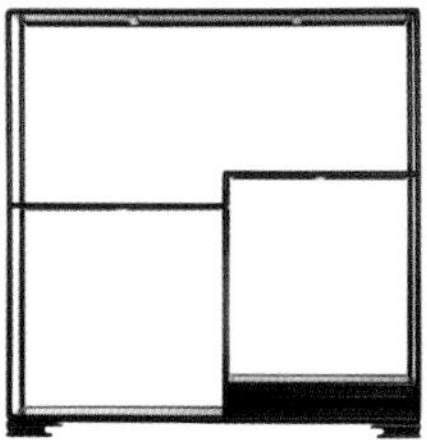

富士架

满月形架子

天场的三角枫盆景放在平桌上，中段的山梨放在底板上。类似满月和新月的圆形架子，大多数情况下，下段不放盆景。

高桌

根据桌子高度分为高桌、中桌、低桌。高桌适用于悬崖式盆景和垂枝式盆景。

底板

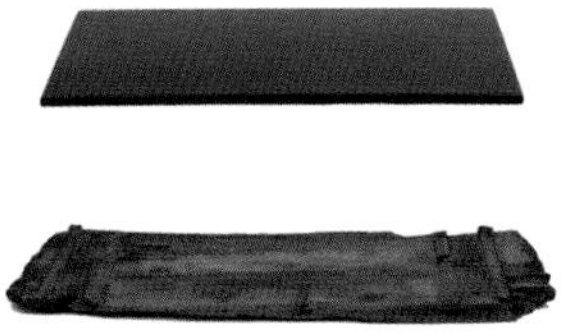

也有类似水洼的不定型“水板”。如果担心渗水也可以铺上厚的餐具用垫或厚布块。

松柏盆景

SYOUHAKU–BONSAI

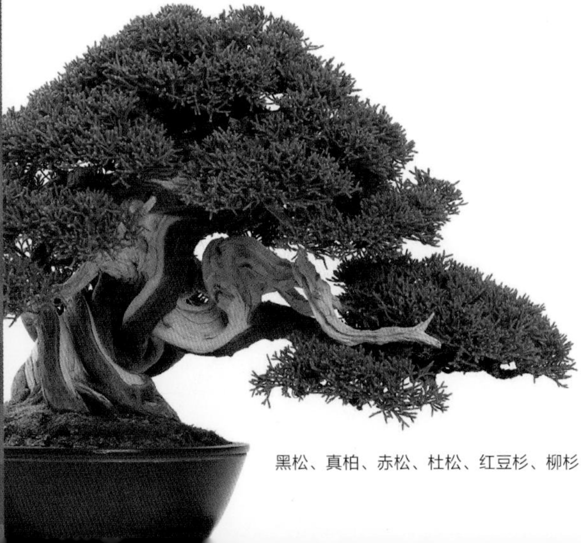

黑松、真柏、赤松、杜松、红豆杉、柳杉、五针松

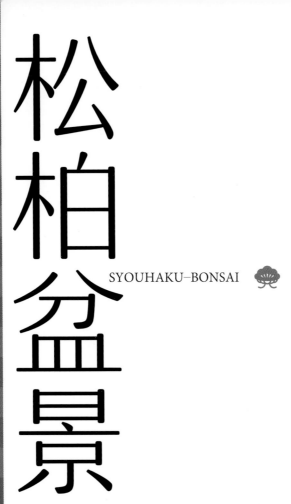

黑松

黑松，又名白芽松，相对于优雅的赤松，黑松的身姿雄伟、挺拔。黑松用作盆景植物的历史非常短暂。1945年后半年开始，由于摘芽与切芽的『短叶法』这一制作方法逐渐普及，黑松迅速流行开来。另外，黑松还可在日本全国范围内进行栽培。

摘下新芽，从第二颗生长出的嫩芽开始进行调整制作，因此可感受到『创作』的乐趣。当明白枝杈的粗细度会影响新芽那向上生长的力量后，调节植物整体的生长力度与盆景造型这两种工作便会变得趣味十足。

即使是在寒冷的气候条件下，黑松的生长速度也只是略有放缓。因此，新手非常适合挑战这种树木品种。此树木品种与其他树木品种有很多共同的特点，为此同样适合构建技巧的运用。

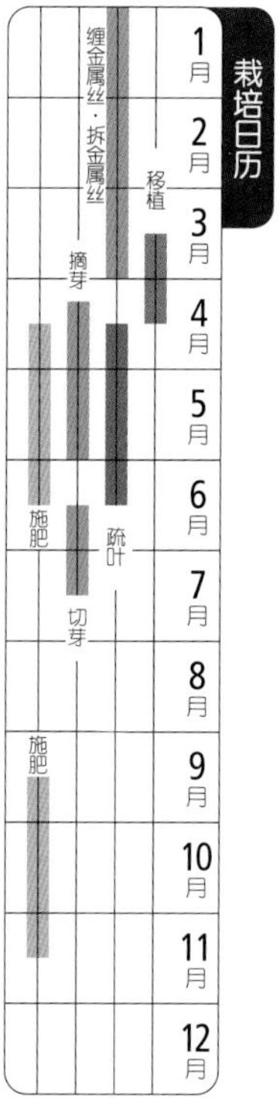

树高 22cm ▶

中文名	黑松
别　名	白芽松、日本黑松
日文名	**クロマツ**
学　名	*Pinus thunbergii*
分　类	松科 松属
树　形	直干、双干、三干、五干、模样木、文人木、悬崖、附石、连根

日常管理小窍门

放置场所
黑松对环境的适应能力强，可以在光照充足的地方生长，也可以在半背阴至背阴处生长。

浇水
非常喜湿。表层土壤变干燥后，就给盆景充分地浇水，直到水从盆底的排水孔流出。水量过多也不用担心枯萎，因此要多注意干涸。

施肥
即便是自养，生长也很旺盛。可适应多种肥料。唯独在多雨时期需要注意，溶于水中的肥料浓度过高会导致腐败，因此请控制肥料用量。

移植
如果长势良好，植物树龄较小，请2~3年进行一次移植。树龄较大时，生长速度放慢，因此，3~4年进行一次移植即可。

病虫害
预防蚜虫与松材线虫萎凋病，在春季至秋季的生长时期内，需要分3~4次喷洒杀虫剂。

培育—移植

黑松在生长期生长旺盛，如果这时将其移植，则会增加植物的生长负担。相应地，也会给盆景作业添加麻烦，植物的保护期也会延长。因此，如果有可能，最好在嫩芽发育前进行移植。日本关东地区的黑松发育期一般是在3月中旬到4月中旬。地区与天气状况不同，发育期长短也会不同。

黑松幼年期时要使用沙子比重较大、颗粒较粗的土壤，随着其生长，可渐渐地换成颗粒较细的土壤。

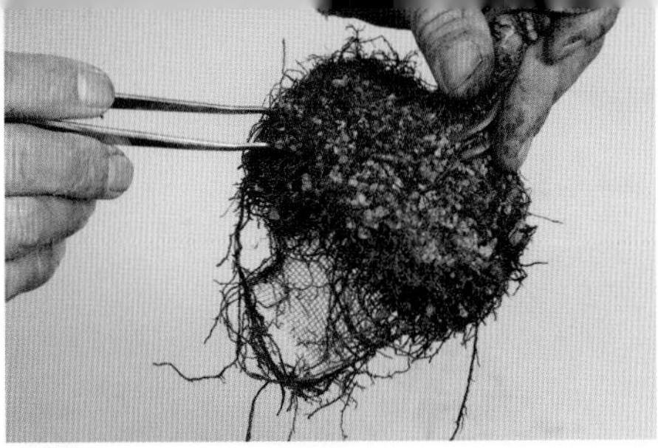

1 用小镊子分开从花盆里拔出的根株，弄掉旧土壤，同时拔下细根。

2 将根剪短到 1/3，然后把植株放到添好土壤的下一个花盆内，并用金属丝进行固定。

3 为保证树木根部能良好地伸展，将树木移植到赤玉土与河沙比例为 2 ： 1 的土壤中。

给小树摆出造型，然后进行调整，最后进行移植。

刚完成移植时，请放在阳光无法直射的半背阴处，接着铺上水藓，防止植物干燥，然后观察叶片造型，进行养护，直到形状固定为止。

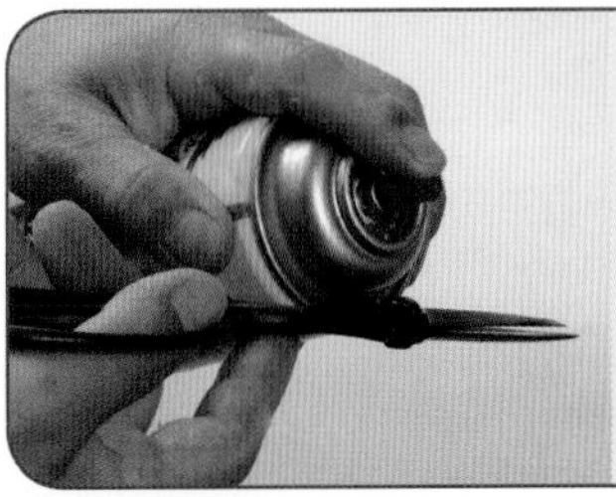

盆景小知识

树胶沾在花艺剪刀上时，会损伤剪刀。因此在作业前喷上润滑剂，然后轻轻擦拭，这样就不会弄脏花艺剪刀了，刀刃的锋利度也会延长

培育 — 修剪

叶片交错在一起时，通风就会变差，因此无法观察枝杈与树干的样子。观察盆景整体的协调性，然后适当地修剪老叶片。4~6月为生长最佳期。

从根部剪下去年的叶片。整理并摘下将要剪除的叶片。

剪完后。适当地修剪新叶片，扩大下侧的树叶阴影，缩小上侧的树叶阴影。

创作 — 改变造型

此树木品种的长势良好，可生存在各种各样的环境中，并且易于改变造型。如果在刚开始种植的3年内认真培养，那么，它的嫩芽会成倍地生长，并且可

创作 — 摘芽

4月左右，摘除所冒出的新芽顶端，即摘下嫩芽，制作出新的生长点。此生长点也即是『短叶法』(➡P33)的关键点。

不要草草地做，要先分清植物的生长趋势，从芽根部剪去健壮的嫩芽，留下脆弱的嫩芽，然后通过疏叶，剪短脆弱的嫩芽。摘芽完成后的一个月左右，便可长出新叶。

剪去脆弱的嫩芽叶片，然后进行调整。

从芽根部剪去健壮的嫩芽。

POINT
控制茁壮生长的部位来保持协调感

发芽2个月后，6月上旬的状态。通过调整，使上侧的嫩芽生长状态与下侧的嫩芽生长状态一致，便可保持协调感。

在短时间内调整生长造型。在想好要制作的形状后，就去实践吧。

通过缠绕金属丝，来制作出树干的造型，同时改变角度

3 利用树干的弯曲与枝杈的高度，制作出富有趣味的树木造型。造型的改变是制作黑松盆景的一种乐趣。

2 不局限栽种时的形态，缠绕金属丝，使树木倾斜。

1 此苗木虽然廉价，但根部特征明显，并且枝杈的长势良好。通过构想文人木的造型，培养出此盆景。

提高—制作范例

通过日积月累的精心培养，按照构思好的形状反复地进行调整，从而创造出令人惊叹不已的造型。请别害怕失败，多加挑战吧。

制作范例—1

八房性（普通品种的缩小型）的黑松。黑松的嫩芽粗壮，因此整体容易呈现出袖珍型的倾向。无须摘芽、切芽，通过选择枝杈进行培养即可。

◀树高 17cm

上下 18cm ▶
左右 27cm

顶端为向上生长的根，植物本身的枝叶与右侧的枝叶形成了一个整体上富有稳定感的不等边三角形。

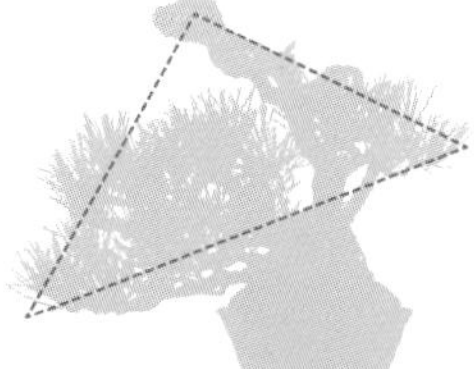

制作范例—2

挑选如树干一般粗的根部所制作出的根部朝上的作品。制作成折弯了细干的文人木，可观赏到根部的叶片。树木整体聚集到了一起，形成一个小点，这也是它的优点。

真柏

在自然界中，松柏类植物那枯萎的部分枝杈与树干历经几百年的岁月洗礼，最终白骨化。在盆景界，这些树干与枝杈被称为『舍利干』与『神枝』。下图为在短时间内，由盆景制作人制作出的与暗褐色树干形成鲜明对比的姿态造型。

真柏的树木强壮，生长旺盛，是近年来扦插苗木的主流。细心培养后，便可进行加工。

真柏常常会表现得非常有趣，给人意外的惊喜。

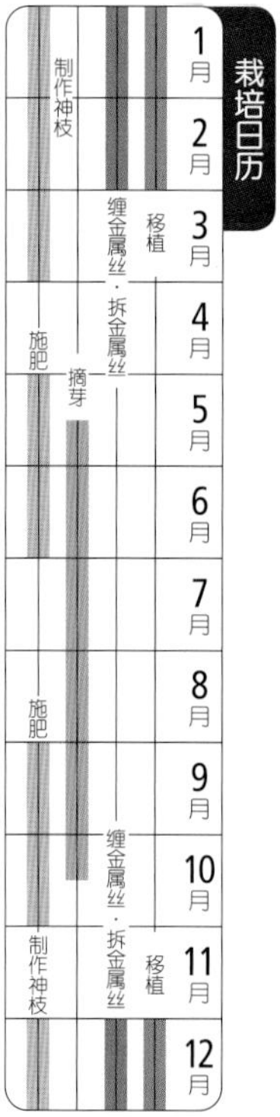

◀树高 20cm

中文名	真柏
别　名	偃柏
日文名	**ミヤマビャクシン**
学　名	*Juniperus chinensis* var. *sargentii*
分　类	柏科 圆柏属
树　形	模样木、曲干、蟠干

日常管理小窍门

放置场所

放置在向阳、通风的场所。与黑松相同，同样可在半背阴处至背阴处进行栽培。

浇水

通过水分管理来改变生长速度。如果想让这种植物尽快生长，则多浇水。反之，则少浇水。可承受一定程度的干燥。

施肥

根系生长旺盛，如果施肥过多，根系增长就会变快，两三年内根系便会遍布在花盆内，因此需要适当地控制肥料用量。

移植

发育较早，植物根系遍布在花盆内，生长就会停滞。因此需要提前移植。如果水分在短时间内便渗入土壤，则这时便是进行移植的时机。请仔细观察吧。

病虫害

能很好地应对虫害，在春季至秋季进行 3~4 次杀虫、杀菌处理，以做好防范工作。

培育—缠绕金属丝

市场上销售的真柏盆景大都是扦插后又培育了几年而成的。构思好想要制作的造型，通过修剪来进行整姿，然后缠绕金属丝，把剩余的枝杈弄成水平状。

POINT
同时整理叶片

扦插 7~8 年的样子。在移植前修剪枝杈，然后缠上金属丝。

粗略地剪掉枝杈，辨别树干的弯曲状况及趣味十足的部分。

缠绕金属丝，然后将枝杈卷成水平状，最后整理枝叶（▶ P36）。

培育—移植

此树木品种较为健壮，根系生长速度快，因此移植时间需提前。在寒冷的时期内进行移植，需要加强植物的保护力度，因此放到架子下侧进行保护。如果过于注重给盆景进行保温，则会产生不利的影响。

或许是因为真柏生长适宜温度较低，可在土壤冻住的状态下进行移植。

1 从花盆中拔出，然后用剪刀将根株下侧剪开。

2 剪完根株的植株。拔出时的根部长度仅有原植株的 1/5。将剩余根部长度缩小到下一个花盆的 70%~80% 即可。

3 准备一个为原素烧花盆 1/3 大小的花盆。土壤比例按照赤玉土与鹿沼土 4 ：1 的比例进行调配。根据环境与经验来调配土壤比例。

4 将植株放到铺好一层薄薄土壤的花盆中，然后用筷子将土壤间隙填实。移植后，将花盆放进盛满水的盆内，以使水分渗入到花盆中。

5 移植完成后，要充分地给盆景浇水，然后放置在架子下侧进行管理。

POINT
铺上水藓，以免盆景干燥

创作｜制作舍利干

为了制作出名为『舍利干』『神枝』的白色树干与枝杈，需要削去枝干外皮（形成层），制作出不吸水的部位。如果在叶片停止生长的寒冬时节进行制作，则后续的管理工作会变得非常轻松。

1 首先，粗略地修剪枝杈，然后剪掉叶片。关键是要剪得稍微长点。

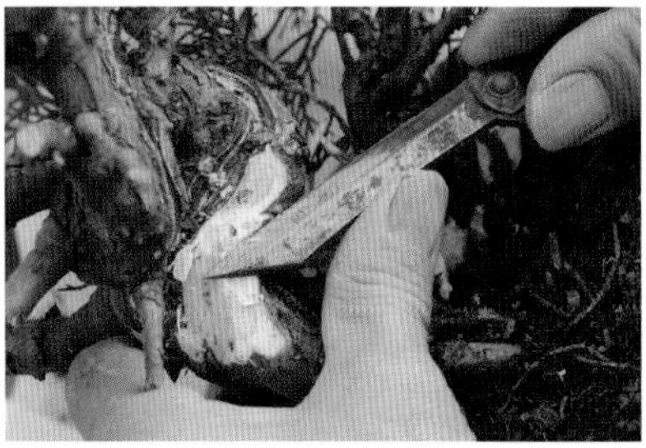

2 春季到秋季，比较容易削下树皮。不过削下树皮后，枝干易腐烂，并且容易出现白蚁，此现象在盆景界叫作“老化”。在寒冷时期，不易削下树皮。

3 经过一段时间后，形成层上残留的部分变红，因此需要用刀谨慎地削掉此部分皮（有毛边的皮、变老的皮以及由于被削而暴露在外的外皮）。

4 同时进行移植工作。此植株较为健壮，因此可同时制作出舍利干。

粗略地剪掉扦插生长到第八年的树木枝叶，削去欲制作舍利干部分的树皮。在刚开始时不要削得太细，保持这种状态进行观赏。

除去随着时间的流逝而变红的部分与嫩皮，整理好剩下的枝叶。

POINT

比起经过 100 年才生长 1cm 的自然状态下的舍利干，在几年内便会生长 1cm 的人工制作的舍利干的细胞更为粗大，因此需要进行杀菌等养护工作

将金属丝缠绕在剩余的枝杈上，制作出协调感良好的造型，然后移植到小号花盆中。用毛笔在舍利干部分涂上杀菌杀虫剂。

盆景小知识

每天浇水或阴天潮湿容易导致舍利干腐烂，因此要定期涂抹杀菌杀虫剂。这样不仅能防止腐烂，预防虫害，还能提高舍利干的洁白度。在涂抹杀菌杀虫剂前，需要使树木整体干燥，将需要涂抹的部分用水打湿，然后涂抹杀菌杀虫剂，便可涂得较为漂亮。用毛笔来仔细地进行作业吧

保护舍利干

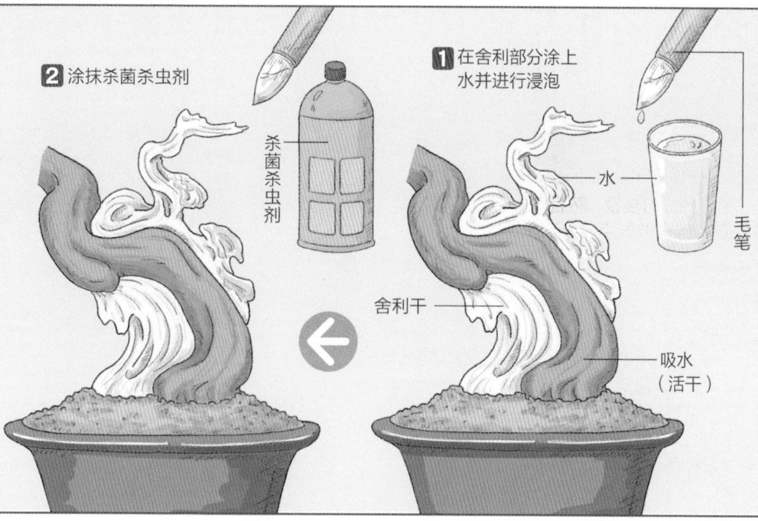

提高—制作范例

植物生长在大自然的严峻环境中，随着时间的流逝，一部分枝干出现白骨化现象，同时长满绿叶，尽显生机勃勃之景，这便是舍利干的魅力所在。自然界很大，盆景实质上就是要将大自然缩小，从而展现到观众的面前。制作方法亦称为『极小同大』的巅峰技巧。

制作范例—1

此作品舍利干部分极多，令人惊叹不已。调整绿叶的分布，来取得协调性。通过架子的陈列方式，给人一种拥有四层枝杈的季节重叠感。

◀上下 17cm
左右 23cm

树高 20cm ▶

制作范例—2

盆景整体呈现出向左生长的趋势，名为“吸水”的褐色树干强有力地支撑着根部。舍利干拥有扣人心弦的能力，生机勃勃的绿色叶片收于一处，展现出良好的协调感。

头部❶、展现生长趋向的❷、夹在中间的❸，这 3 个不等边三角形给整体营造出稳定感。

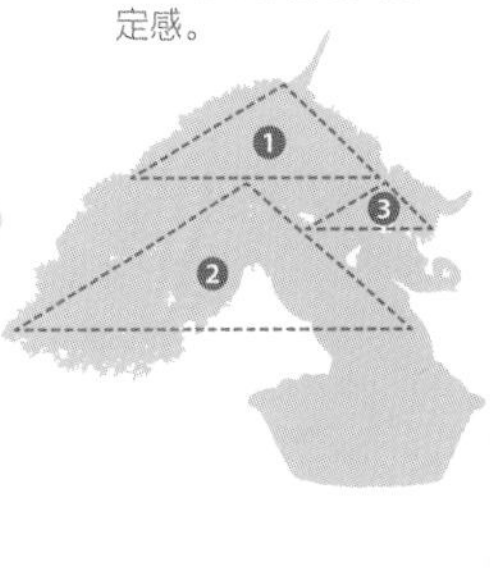

赤松

赤松分布在我国东北地区，在自然状态下呈现出赤红色。比起黑松，此树木柔软纤细，因此也被称为灰果赤松。

即使遭受到暴风雪，枝权也不易折断，从而才能形成各种树形。盆景中的赤松树皮不会呈现出赤红色，叶片柔软，嫩芽细长。叶片较长时，与黑松（➡P62）相同，可采取短叶法进行修剪。

此树木给人以优雅的印象，长势比黑松好。可生长在严寒地带与土壤稀少的熔岩上。这种树木具备顽强的生命力，可制成各种盆景。文人木、风吹式、悬崖式等树形都适合展现赤松那柔软文雅的美。

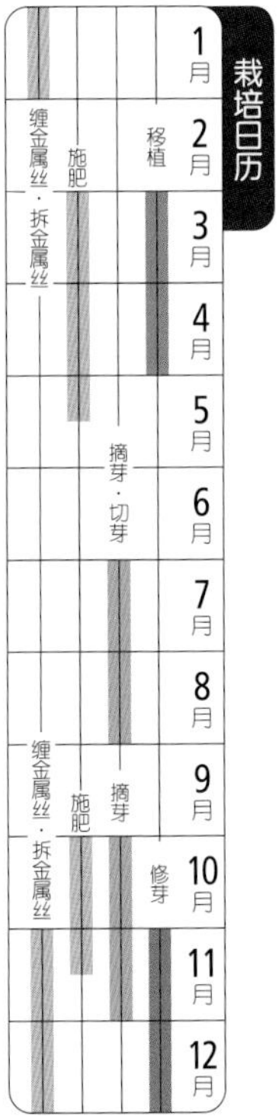

▲上下 6cm
左右 12cm

中文名	赤松
别　名	灰果赤松、日本赤松
日文名	**アカマツ**
学　名	*Pinus densiflora*
分　类	松科 松属
树　形	直干、模样木、悬崖、文人木

日常管理小窍门

放置场所

放置在向阳、通风的场所，与黑松相同，可生长在太阳较早落山的半背阴处。

浇水
与黑松相同，想要促进此植物快速生长时则多浇水，反之，则少浇水。相对来说，比较耐干燥。

施肥
需要减少枝叶时，请控制肥料用量。枝杈较多时，需要控制用量，以抑制植物生长。请尽可能地避免添加过多的肥料。

移植
发育较早，需要比黑松更早地考虑移植问题。年轻的树木每隔1~2年进行一次移植，古老的树木每隔3年进行一次移植。

病虫害
参考黑松。在春季至秋季进行4次左右的杀虫杀菌处理，以做好防范工作。

培育—移植

此树木发育旺盛，根系伸展较早，因此在移植时，要大胆地切除。移植时期与黑松相同，在嫩芽开始生长前进行移植。用土与黑松的盆景用土相同，主要是赤玉土。在赤松处于幼年时期，往土壤中添加10%~20%的沙子。图中是实生4~5年的赤松盆苗，在枝杈上缠绕枝杈，调整好造型，便可进行移植。

1 利用下侧的弯曲，缠绕金属丝，以改变上侧枝杈的生长趋向。

2 从盆中拔出，然后用小镊子拨开根部，弄掉土壤。

3 粗略地进行剪根，然后调节成刚好能放进选择好的花盆内的尺寸。

4 浅浅地放入比例为2：1的颗粒较粗的赤玉土和桐生沙，再把植株移植在穿好固定用金属丝的花盆内。

5 此植物的树形为斜干式，用钳子牢牢固定好根部。

6 用筷子把土壤间隙填实，然后充分地浇水。

盆景小知识

从正下方看，部分区域有白色的根，这便是根部开始生长的部位。赤松的根继续生长，会露出表皮。与枝干相同，表皮容易脱落，因此土壤显黑

创作—修剪

赤松的叶片生长较早，因此修剪时间要晚于黑松。用短叶法进行修剪时，要在春天同时进行摘芽与切芽，然后在7月再修剪一次叶片。要注意叶片生长速度远比想象中的要早。

提高—附石制作

附石盆景能让人感受到严峻的自然环境下小小植物的顽强生命力，欣赏到饶有情趣的树形。熔岩可说是盆景极好的材料，赤松在上方扎根，还原了现实中的自然景观。

在制作时，需要考虑生长地区，在3月下旬到4月上旬进行移植。进行附石后，把土壤补充至根系之间，然后调节生长方向，以保证石头逐渐露出，然后覆盖上一层厚厚的养分充足的土壤。按照树木的生长状态进行调节即可。

1 实际放置植物，调整准备石头与树木的方向、角度等，探索各种可能。

2 这次使用竖纹揖斐石。用金属丝进行临时固定，然后确认造型。

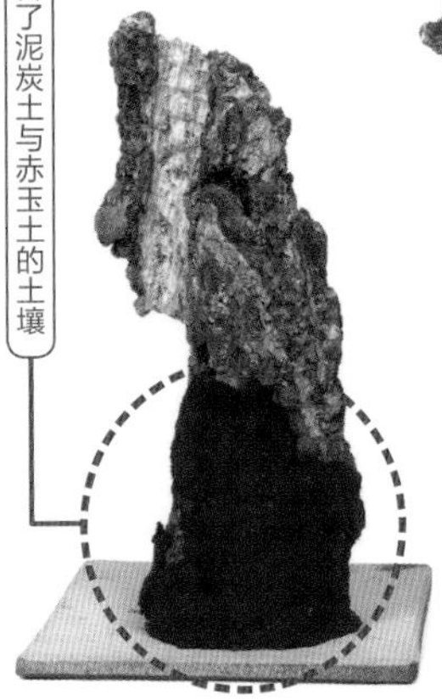

3 取下树木，作为安装树木部分的基子，然后抹上涂有混合了泥炭土与赤玉土的土壤。

●需准备的物品

麻布

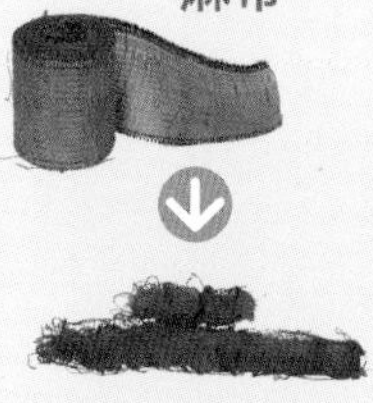

（用热水进行漂白，去除防腐剂）

陶板

（防水平台）

石头

（上图为拥有条纹的揖斐石）

赤松

（上图为实生 5 年的植物）

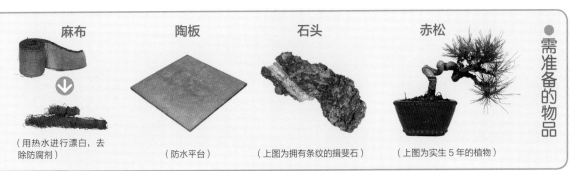

3 用手指捏住一束新叶，然后水平地进行修剪。在疏叶的同时，摘除生长速度第二快的嫩芽。

2 叶片的生长速度要比想象中的快很多，因此修剪叶片的同时，将叶片的长度剪掉 1/2 或 1/3。

1 从去年的叶片开始进行修剪。观察协调性，修剪叶片根部时保留 2~3mm。

---

5 固定后涂抹泥炭土，然后贴上苔藓。石头、树木、土壤的比例为 1：1：1。土壤体积较大，因此在下侧种植杂草以衬托树木。

POINT
思考强调石头还是强调树木，同时在培养过程中，取得协调性

4 在根部添加土壤，然后裹上漂白完的麻布，缠上木棉丝与麻绳等腐朽后会消失的线进行固定。

〈泥炭土的使用秘诀〉

泥炭土是指堆积在水边的水生植物的腐叶土。这种土壤养分丰富，黏度极高。最适合需要很少土的附石盆景。如果直接使用，则土壤干燥时，会难以吸收水分，同时存在保水性过高的倾向。在泥炭土中混入 10%~20% 的细粒赤玉土（微尘）（▶P26），便可掩盖这种缺点

泥炭土

细粒赤玉土

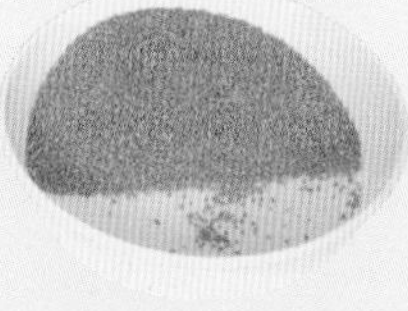

木棉丝

（也可使用麻绳）

杜松

叶片如同针一般尖锐，因此得名『杜松』，又称为『崩松』。

杜松与富有曲线美的真柏（➡P66）同为容易制作舍利干的树种，但杜松富有直线美。

杜松生长在全国各地的山地与丘陵中，也有叶片柔软的软叶杜松，灌木类，容易栽培。

然而此枝杈容易干枯。将干枯的部分制作成神枝，来提高观赏价值。比起真柏，杜松的舍利干与神枝容易老化脱落，因此不易管理。此外需要花费时间去摘芽。

杜松生长一定时间后，才可显现出它的乐趣，因此适合积累了一定程度的种植其他树木的经验后，再进行挑战。

栽培日历

作业	月份
移植	1月～3月
摘芽	4月～5月、6月、8月～9月
缠金属丝	3月～10月
固体肥料（一月一次）	4月～6月、9月～11月

※适宜情况下拆下金属丝

◀树高 13cm

中文名	杜松
别　名	崩松、刚桧、棒儿松
日文名	**ネズミサシ**
学　名	*Juniperus rigida*
分　类	柏科 刺柏属
树　形	直干、模样木、连根、悬崖、寄植（丛林式）

日常管理小窍门

放置场所
放置在向阳、通风的场所。杜松耐高温，但不耐寒冷，因此冬季不要放置在通风处。

浇水
喜湿。当表层土壤变干时，请充分地浇水。夏季要注意避免植物缺水。

施肥
4月到秋季是植物的生长期，这段时间内要反复进行摘芽，因此每个月需放置一次肥料，以免树木变弱。盛夏时节请控制肥料用量。

移植
众所周知，以前是在5~6月进行移植，不过近些年1~3月即可进行移植，不会伤害植物，并且会在初春时节发芽。每隔3~4年进行一次移植即可。

病虫害
往叶片上洒水可有效预防红蜘蛛。当出现红蜘蛛，需要立即喷洒杀虫剂。

培育—移植

以前，人们普遍认为杜松的根系生长较慢，因此在5~6月进行移植。近些年来，人们发现在寒冷时期也可以进行移植，并不会伤害树木，因此，1~2月进行移植逐渐成为主流。

2月，从花盆中拔出土球的状态。生长了3年的根系出现层状结构，表面可见白色新根。根系生长发育较早，可进行移植。

创作—摘芽

杜松呈直线生长，修剪出协调性良好的枝杈需要花费很多时间。叶片分布比较错综复杂，因此养护树木时，需要经常细心地进行摘芽。

嫩芽容易朝着复杂的分布态势生长，摘下嫩芽的部位也可长出新芽。最好经常用小镊子摘除处于生长期的叶片，以免叶片生长地过于茂盛。

BEFORE

不仅是枝杈顶端，去年之前的枝杈也长出了新芽，因此在较短的间隙内看不到枝杈。留下叶片，生长便会过于旺盛，以至于破坏氛围。

AFTER

摘除大部分新芽，其枝杈的样子发生了改变。为养护这种造型，需要经常进行摘芽。

提高—制作范例

制作范例—1

舍利干笔直地向上生长，这是只有杜松作品才能拥有的庄严美。舍利干部分不易养护，且比例较大，被称为“去路”的褐色树干给人以安稳感。枝杈较粗，与叶片相搭配，可显现出协调感，富有意境美，充分发挥出杜松的独特格调。

树高100cm ▶

红豆杉

此树木生长在气候湿冷的东北地区以及全国各地的山地中。十分耐寒，非常健壮。作为庭院树木而为人喜爱的灌木性伽罗木属于红豆杉的变种之一。

树干的芯为红色，非常坚硬，不易腐烂，因此被命名为『红豆杉』。

树木生长旺盛，发芽快，因此需要反复进行摘芽。这样叶片就会集中到枝杈顶端，组成枝叶集合体。富有光泽的常绿叶片，是红豆杉的魅力所在。

经过多年培养，树干变黑时，刮掉黑色表皮，便会显露出红色的树干。此外，也可制作舍利干。有很多古树名作就是利用舍利干与树干颜色的对照美制作而出的。

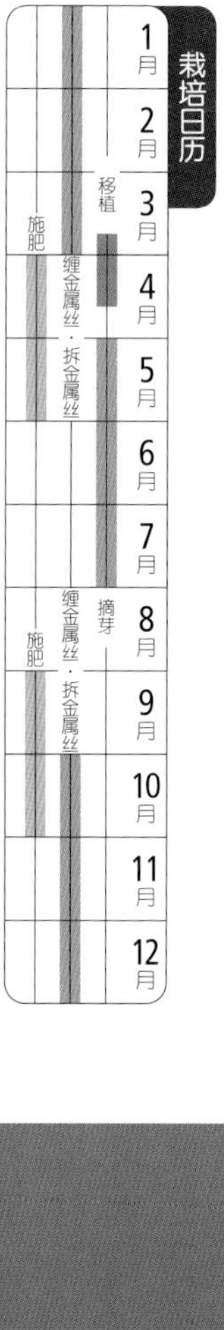

树高 18cm ▶

中文名	红豆杉
别　名	扁柏、红豆树、水松
日文名	**イチイ**
学　名	*Taxus cuspidata*
分　类	红豆杉科 红豆杉属
树　形	直干、双干、模样木

日常管理小窍门

放置场所

不耐干燥，放置在半背阴至背阴处更利于植物生长。

浇水

别名『水松』，喜湿。即使放置在背阴处，也可充分浇水。

施肥

为了保留常绿叶片，需要多施加点肥料。秋季每个月便放置一次肥料，迎接冬季的到来，为翌年冬季叶片发育做准备。

移植

每两年进行一次左右的移植。在早春嫩芽萌发前进行移植会减轻树木负担。

病虫害

此树木耐病虫害，但在背阴处生长会导致植物发霉。

创作 — 缠绕金属丝

此树木品种以牢固著称，因此枝杈会较早地变硬。此外，成年红豆杉的枝杈富有弹性，即使缠绕金属丝，折下后也会恢复原样。因此要趁着枝杈年轻、纤细时进行造型。

缠绕金属丝时，需要摘除深绿色叶片。叶片根部会发芽，因此设想发芽后的情形，然后调整叶片数量，不要摘除过多，也不要摘除过少。

BEFORE

扦插 4~5 年的红豆杉。充分利用伸展的插枝，构想出半悬崖式（▶P21）的树木造型。提前修剪多余的枝杈，修剪时留下 2 ~ 3 片叶片，以调低枝杈顶端的生长点。

AFTER

制作成半悬崖造型，要将树木造型调整成不等边三角形。将叶片数量调整成原有的 1/3。然后修剪从固定好造型的三角形中伸展而出的枝杈。

1 从树干根部开始，把金属丝缠绕在树木的关键部位插枝（一级枝）上。

2 切勿把金属丝缠绕在长有叶片的部位上，以免缠绕住叶片。

提高 — 选花盆

BEFORE

缠绕金属丝后一年多的样子。秋季，嫩芽数量增加，许多嫩芽从剪掉叶片的部位开始萌发。考虑这种刚刚发芽的植物特性，调整叶片数量。树木成形后，便要开始选花盆。

× 深底花盆

× 正方花盆

作业顺序与移植相同，然而将培养在素烧盆内的植物移植到观赏盆时，应选择与植物的格调相配的花盆。在此准备 3 种花盆，并进行搭配。正方形的花盆给人以过重的感觉，显得树木纤细、脆弱，因此不宜选用。深底花盆也显得过大、过重，喧宾夺主。

AFTER

圆形浅底花盆

选用圆形浅底花盆，思考植物今后的生长趋势，会发现植物有足够的生长空间，并且协调性良好。适合摆放在架子上方进行观赏。当在展览会进行展示时，请选择树木粗细度与体积完全吻合的小型花盆。

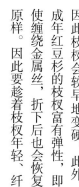

柳杉

柳杉因柳杉花粉症而为人所熟知，但作为盆景的柳杉绝不会开花，也不会传播花粉。患有花粉症的人也可大胆地近距离观赏。

此树木极易栽培和制作。树干笔直，因此局限于某种格调，但同时也易于制订盆景制作计划。仅仅通过枝杈的剪切与摘芽，便可制作出能充分展现盆景魅力的树木造型。根系与树干相同，笔直地伸入地下，拥有直根性。开始时可栽种在较深的花盆内，然后逐渐换成小花盆。

注意，柳杉品种各异，未必全都适合用作盆景。选择柳杉时，推荐栽培从扦插开始生长的植物。

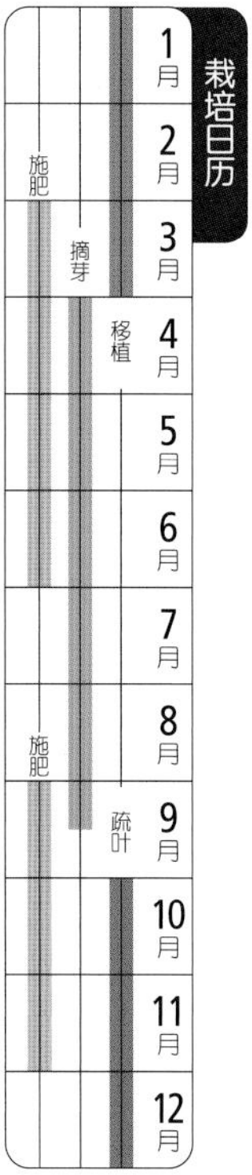

中文名	柳杉
别　名	日本柳杉、孔雀松
日文名	**スギ**
学　名	*Cryptomeria japonica*
分　类	杉科 柳杉属
树　形	直干、双干、三干、株立、连根

◀树高 23mm

日常管理小窍门

放置场所
无须过于在意放置场所。可放置在向阳或背阴处。最好放置在易于浇水的地点。

浇水
喜爱湿润的生长环境，因此需要大量的水分。充分地浇水，确保叶片富有光泽，便可确保植物良好生长。

施肥
多施加肥料，便于植物生长。在春季与为过冬而储蓄能量的9~11月进行施肥。

移植
趁着植物处于幼年时期，将其种植在较深的大型花盆内，每隔3~4年进行一次移植。完成枝杈制作后，便缩小花盆，改为每隔1~2年进行一次移植。

病虫害
比起病虫害，为预防枝杈顶端干枯，需要在早春、夏季、冬季喷洒杀菌杀虫剂。

创作—剪切

趁着树木年轻时，伸展其枝杈，以便在植物下侧制作出富有稳定感的树木造型。然后等其生长到一定程度，枝杈变粗时，便对枝杈进行剪切（较强的修剪）。

图中的范例是种植在素烧盆中，通过多浇水、多施肥，培养两年后的柳杉。下侧枝杈一直未进行修剪，为了抑制枝杈顶端部分的高度，进行摘芽处理。进入到整理树木造型的阶段时，从早春开始，便停止摘芽，以便枝杈伸展。

BEFORE

种植在素烧盆中，生长了两年的树木。未修剪下侧枝杈。春季开始，枝杈顶端也开始伸展。

AFTER

大幅剪切了枝杈顶端与下侧枝杈的树木造型。修剪枝杈与伸展开来的嫩芽，然后剪掉叶片，大体上便制作出了直干的造型。

保留想要制作成核心部位的去年的叶片，然后用剪刀剪去顶端伸展的嫩芽。从叶柄的根部进行修剪。剪叶片的话，叶片会变红、枯萎，因此剪下叶柄即可。

创作—摘芽

制作好树木造型后，对其上半部分反复地进行摘芽。当嫩绿色的幼芽开始生长后，要趁着它还处于柔软的房状造型时，用手指摘下。

当枝杈每隔一段时间伸展后，便进行剪切，直到下半部分的枝杈生长到理想中的粗细为止。

BEFORE

剪切完 1 年后。移植到平底花盆，进行摘芽并整理下侧枝杈。需要培养左侧枝杈。

AFTER

用手指摘下房状嫩芽后的情形。嫩芽顶端有生长点，因此需要摘除此部分。

用剪刀剪去下半部分中生长着的枝叶茎部。构思植物未来的造型，并选择枝杈。

五针松

此树木生长在海拔高的山地，健壮挺拔，能抵抗凛冽的风雪。提起盆景，便容易联想到五针松。此植物的高山性特征导致了材料数量流通次数逐渐减少，而黑松（➡P62）则逐渐成为主流。然而，此树木悠然生长，落落大方，拥有着独特的魅力。如果黑松代表健壮有力，那么五针松代表威严、仪表堂堂。

名副其实，五针松的叶片较短，每五片叶片簇生为一小束，密密麻麻地生长着。到了秋季，无须剪短五针松的叶片，只用剪掉大部分的老旧叶片，因此培养起来很轻松。

然而，这种植物的生长速度明显较慢，因此，只有经历漫长的岁月，树干表皮才会出现龟裂。培养人无法在短时间内感受到植物的变化与生长趋势，因此这种树木也算得上是需要埋头专心培养的品种。

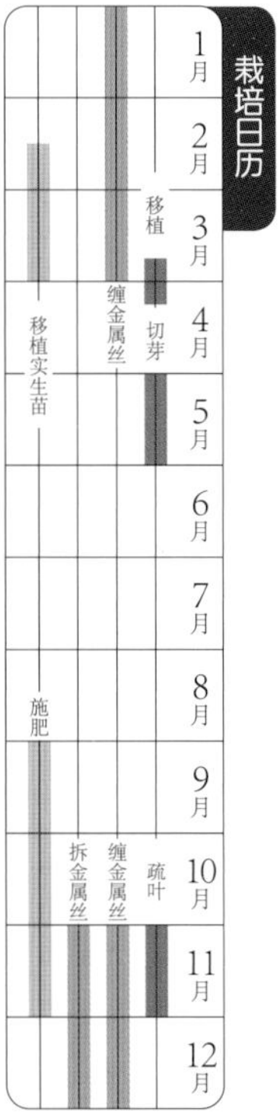

上下 25cm ▶
左右 29cm

中文名	五针松	别　名	日本五针松
日文名	**ゴヨウマツ**	学　名	*Pinus parviflora*
分　类	松科 松属		
树　形	直干、双干、三干、五干、模样木、连根、假连根		

日常管理小窍门

放置场所

此植物的叶片密集，因此放置在通风、稍微寒冷的地点。放置在温暖的场所时需要特别注意。

浇水

春季出芽时期到夏季的叶片生长时期，需要控制浇水量，夏末便可大量地浇水。

施肥

与浇水相同，不要在早春与夏季时期内进行施肥。为了储蓄过冬的力气，在9~11月每个月施一次肥料，同时控制用量。

移植

根系生长较慢，根系不会堵塞在一起。如果频繁地进行移植，则会破坏氛围。每隔3~5年进行一次移植即可。

病虫害

蚜虫与红蜘蛛容易出现在密集生长的叶片上，而且不易抵抗因发霉引起的「落叶病」，因此需要仔细地进行杀菌和杀虫，并搞好预防工作。

培育 — 实生苗的移植

当市场上销售的材料经历了一定年头后，便无法制作弯曲的部分了。当找不到自己喜爱的材料时，便可通过实生苗来制作自己所喜爱的树木造型。种子发育而成的实生苗茎部柔软，因此可进行弯曲。即使经过1~2年，茎部仍然很纤细，因此3年生的幼苗适合进行弯曲。可在2月中旬到3月初进行作业。

●需准备的物品

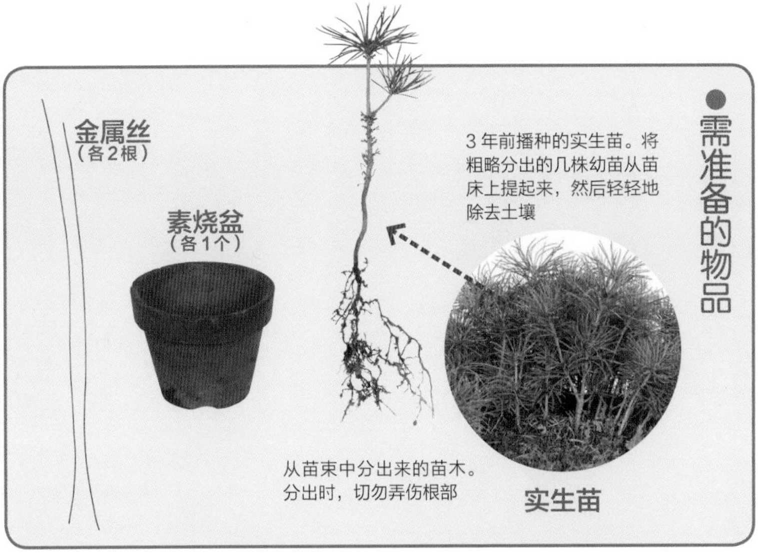

3年前播种的实生苗。将粗略分出的几株幼苗从苗床上提起来，然后轻轻地除去土壤
从苗束中分出来的苗木。分出时，切勿弄伤根部

1

在实生苗未弯曲时，把金属丝缠绕在茎部，把苗木固定在花盆中央。进行弯曲时，应使2根金属丝错开缠绕，茎部便不易折断，变得更易弯曲。

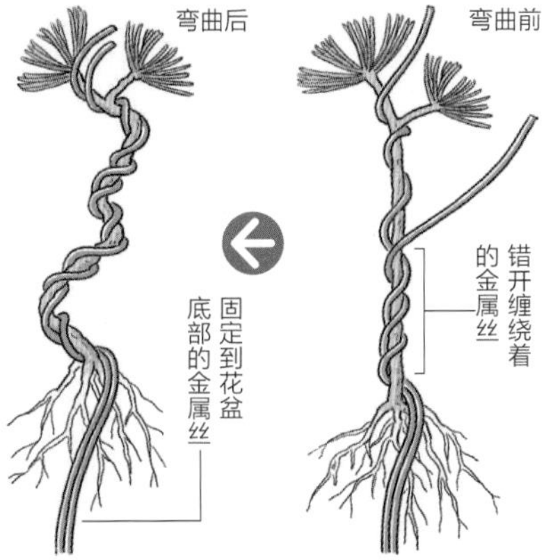

2

剪掉苗木上侧多余的金属丝，将根部的金属丝穿过盆底排水孔处的网，在盆底弯曲固定。然后便可填入土壤。

4 移植结束后，铺上赤玉土，并浇水。刚开始种植时土壤容易干燥，因此可用泥炭土保持土壤湿度。

3 此处土壤比例为赤玉土：鹿沼土＝2：1。土壤混合状况视环境而定，因此需要根据经验来进行判断。

盆景小知识

松树类植物的根部经常会寄生着名为“菌根菌”的共生菌，并且根部会出现根瘤。将其清除后，树木的生长就会失去活力，因此切勿清除或弄伤此部位

培育—整理嫩芽

嫩芽会在早春时节长出，并且进行伸展。五针松的叶片会变得密集，从而给养护工作增加负担。趁着这段时期，来整理嫩芽与叶片吧。

在这里以生长了20年的树木为例。随处可见茁壮生长着的嫩芽，剪去无须伸展的嫩芽与已伸展的嫩芽周围的老旧叶片。便可确定作品的生长方向，树木也会变得容易蓄积力量了。

此树木的新芽开始生长，叶片密集。

剪去无须伸展的嫩芽与已伸展的嫩芽周围的老旧叶片。

1 剪除老旧叶片时，抓住5片叶片，将根部保留2mm左右。使用剪刀可更好地避免不必要的麻烦，造型也会美观。

2 与叶片相同，用剪刀进行修剪。需要茂盛生长的叶片部位保留个头较大的强芽，在保留原样的部位剪除小型嫩芽。

培育—修剪·5月

5月左右，松树类植物的嫩芽会长得明显，因此均可在进入秋季前进行修剪。但唯独五针松不同，五针松如果不在5月内进行修剪，便会出芽，从而变成枝杈，生长也会变缓慢，因此早点进行修剪吧。

早春整理嫩芽前的嫩芽状态。即使进行整理，在遇到生长旺盛的树木时，新芽也会伸展。五针松那伸展的嫩芽变为叶片的时间较短，因此多数情况下会变成枝杈。

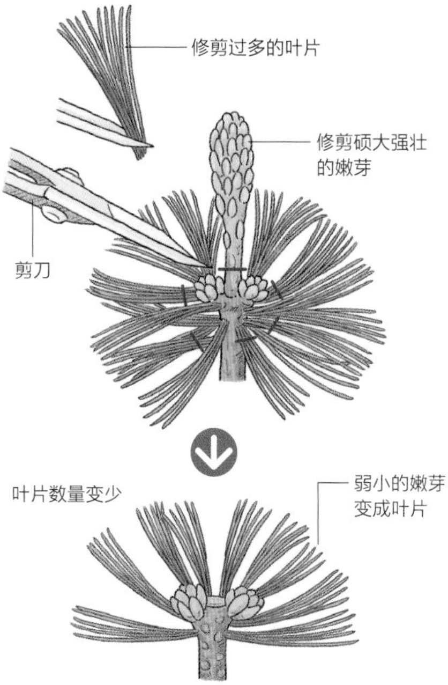

在几根伸展的嫩芽中，修剪较为强壮的嫩芽。此时，如果整理并修剪叶片，旁边的弱芽便会在一年内变成叶片。

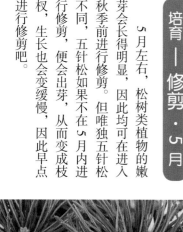

创作 — 缠绕金属丝

把金属丝缠绕在生长了15年的树木上，并进行整姿。此树木的叶性（➡下述『盆景小知识』）一般，从主干的根部开始缠绕金属丝，制作成悬崖状的盆景。

在此，修剪枝杈部分，然后进行整姿。在给枝杈制作造型时，不要强行弯曲，而是用手进行触碰，确认枝杈是否容易弯曲，然后制作造型。

1 遵循制作半悬崖造型这个目的，把金属丝缠绕在预先需要弯曲的枝杈根部。

2 分别把较粗的金属丝缠绕在 3 根枝杈上。根据枝杈粗细度，来改变金属丝粗细度。

3 缠绕稍细的金属丝，然后在分杈的部位各缠绕一根枝杈。

4 把极细的金属丝缠绕在枝杈顶端的纤细脆弱处。更换金属丝时，最好把已经缠绕完毕的金属丝与即将进行缠绕的金属丝进行重合。

BEFORE

在主干向上生长的部位进行弯曲，制作成悬崖状的树木。

AFTER

根据每根枝杈的粗细度来缠绕金属丝，调整造型。

盆景小知识

五针松的叶子有青白色的银叶与亮绿色的双叶，此为叶性的不同。银叶有棱角，用手指尖可切实感受到坚硬的部分。通过使用银叶来营造出庄严氛围

银叶

双叶

制作范例—②

此树木造型会随着时间的流逝，从文人木变成斜干的造型。顶部的圆润感诉说着历史的故事。这便是文人木的最终造型。随后，可调整小盆景的头部。

树高 17cm ▶

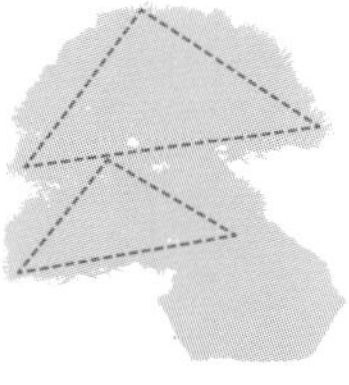

平缓的钝角不等边三角形可展现出盆景那沧桑的气息。

制作范例—①

这种树木造型是从模样木逐渐变成蟠干的。它的格调是头部变圆，落落大方地呈现出不等边三角形。从长苔的根部也能看到树干的粗糙表皮，呈现出时代的沧桑感。

◀树高 16cm

制作范例—③

生长 15 年以上的小型附石盆景。无须给五针松浇太多的水。可制作出各种造型。

树高 12cm ▶

制作范例—④

这是介于悬崖与大悬崖（▶P21）间的树木造型。根系丛生的根部长有“枯干（干枯的部分）”，可让人联想到粗犷的大自然与蹉跎的岁月。可表现出在严峻的环境下生长的大树那强大的气势。

▲上下 16cm
左右 26cm

杂木盆景

ZOUKI-BONSAI

榉树、榔榆、三角枫、亚洲络石、日本紫茎、红枫、水蜡树、豆腐柴、野漆树、捆石龙、红葛、紫薇

榉树

榉树向着天空伸展着枝叶，此景时常受人瞩目。由于可以营造出家乡般的祥和景色，为此内心中不由得产生出想要切身享受这种姿态的感觉。榉树自古以来就是盆景中备受欢迎的树木品种。

冬季，榉树浓重的季节感展现得淋漓尽致。红色、橙色或黄色的叶子从细细的枝杈上掉落，十分精彩。另外，将榉树制作成寄植式盆景也别有一番情趣。

榉树的个体差异较大，比如说红叶的颜色会有差异，帚立的树形、叶子的性质也有差异，但可在一定程度上进行矫正。

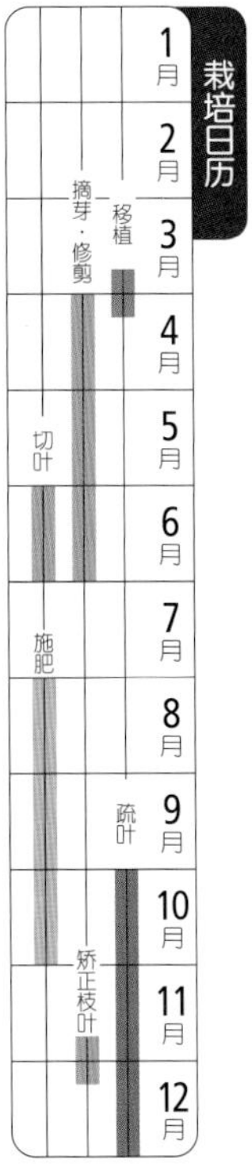

树高 21cm ▶

中文名	榉树
别　名	光叶榉
日文名	**ケヤキ**
学　名	*Zelkova serrata*
分　类	榆科 榉属
树　形	帚立、株立、寄植（丛林式）

日常管理小窍门

放置场所

喜爱阳光充足、透气通风的地方。阳光不足会导致枝叶徒长。

浇水

由于榉树喜湿，因此每天都要充分浇水。只要有充足的水分，平原上的树木便可以长成参天大树。

施肥

夏末秋初，每月施肥一次左右。若施肥过多会导致枝叶徒长，从而影响整体树形。夏季过后的施肥是为了使枝叶充分吸收养分。

移植

小树需要1~2年的生长时间，待稳定下来之后，每隔2~3年进行一次移植。在进行移植的时候，如果可以统一根部的粗细程度，便能培养出漂亮的树形。

病虫害

为了预防嫩芽生长时期出现的蚜虫与病害，冬季的时候会把杀菌杀虫剂涂抹在树干及枝杈上，然后在初春时节再喷洒杀菌杀虫剂。

培育－移植

榉树生长旺盛，如果用花盆种植，则容易导致偏根。在盆景作品中，榉树主要是观赏树干挺直的美态，因此在移植时需调整树根。营养集中在粗壮的根部，然后逐渐遍布到整体。

小树的根系生长势头特别明显，因此尽管生长稍显迟缓，但是频繁的移植可使榉树长成漂亮的竖直造型，从而长成枝杈纤细的树形。

1 刮落泥土与细小的根。从树干开始，用小镊子呈放射状地一边移动，一边刮落。

2 简单地修剪了伸展过度的部分，使根部的形状和枝杈的形状大体一样。

3 仔细观察这个部位的根部情况，找出没有呈放射状分布的粗根。

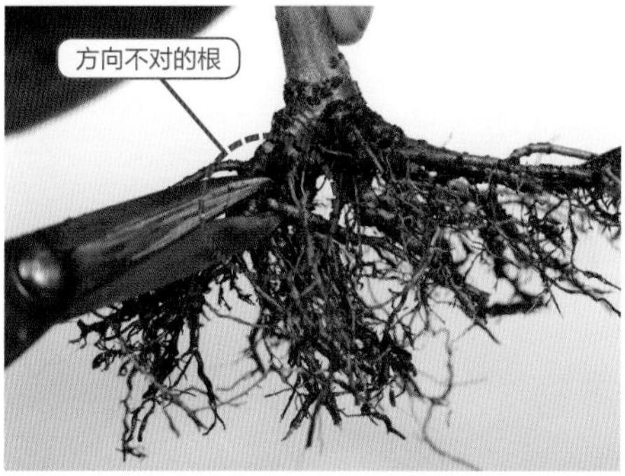

4 把方向不对或从粗根中长出来的根用剪刀剪短，然后调整协调性。

5 如果发现有粗根从中心一直往下伸展，则果断剪短。

6 剪短根部后，如果搁置时间太长，会减弱根部的生长势头，因此请尽早将其放进花盆里。

（➡续下页）

盆景小知识

当榉树嫩芽开始萌发时，便可以移植了。当在枝杈顶端可以看到小型叶片时便可以进行移植了

培育—移植后施肥

榉树的美丽之处在于那枝杈纤细的树形，因此即便移植了也无须施肥。但是对于那些需要重复摘芽的小树或娇弱的树来说，就有必要花点心思了。

这时候，可以放置少许的固体肥料或液态肥，也可以把碾碎的颗粒肥撒在土壤表面上。这种施肥方式的效果比较稳定，因此适合作为让树木渐渐习惯肥料的基肥。

1 用钳子把放入盆景用土的花盆中的颗粒肥碾碎、碾细。

2 当研磨成类似泥土粉尘的大小时，将其与泥土混合在一起。

3 将肥料撒在花盆边缘，注意不要让肥料直接接触树干。如果撒到覆盖了水苔的泥土上，经过 1 周左右就会看到水苔变绿。

7 将金属丝穿过花盆，铺上颗粒较大的赤玉土，做好准备工作。再次剪短根部。

8 这是剪得很短后的形状。为了不让根部长时间地以这种状态与空气接触，需要尽快移植。

9 把树木放到赤玉土上，然后用盆景用土覆盖根部，并用金属丝固定好根部。（▶ P37）

10 把细土铺在表面后马上浇水，并放在阴凉处进行培养，直到嫩芽冒出为止。

创作—摘芽

春天是枝杈伸展、树叶繁茂的季节，榉树也生长得格外旺盛。此树木像小树般旺盛地生长，因此需要尽早处理。

伸展的枝杈不同，枝杈上的嫩芽也不同，有些枝杈上有两三颗嫩芽，而有些枝杈上只有一颗嫩芽。如果放置不管，会导致这种差别越来越大，从而打乱树形。因此需要摘掉嫩芽，然后整理树形。

通过事先不让树叶过于繁茂的作业可改善通风与日照状况，同时也可以预防病虫害。

移植完 1 个月后的树木。表面土壤因水苔的存在而得以保留水分。如果是小树，在这 1 个月之后需要摘芽，因此要注意减少肥料的施加量。

把从树形轮廓窜出来的枝叶剪掉并整理。用剪刀把有 2~3 颗小芽的枝杈尖剪掉，而那些尚未伸出来的枝杈或树叶下即将要萌发的嫩芽，用指尖把摘下即可。

创作—抑制修剪

树叶面积大，容易形成压力，从而导致树形偏移。为了尽早抑制该压力的产生，我们一起整理叶片的大小吧。

有一种方法是在小树阶段，用手轻轻地捏住全部枝叶，进行修剪整理。修剪成自然的半圆形状，并整理凸出来的叶片。

把大片且显眼的叶片按照轮廓剪成一半，这样做的话，小叶片也可以均匀地晒到太阳。

如果在小树阶段，把全部枝叶聚拢到一起后，直接修剪上部的话，展开的时候就能自然地形成半圆形，也可以大致想象出树的形状。

POINT
帚立式盆景的重点是修剪一个呈半圆形的树冠

盆景小知识

当树叶繁茂，形成团状部分时，可以用类似筷子的棍子，轻轻地梳理开。这么一来就可以很清楚地观察到盆景的枝杈和树形。这样也能方便进行摘芽和修剪

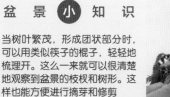

盆景小知识

如果枝杈数量过多，那么枝杈的根部会因为凹凸不平而变粗，从而产生不协调的感觉。虽然可以将这些多出来的枝杈或横枝剪掉并进行调整，然后在伤口上涂上市面上销售的愈合剂，但容易长出树瘤。

创作—整理忌枝

在枝杈细小时，认真地修剪、整理榉树的忌枝（没有朝放射方向伸展的侧枝、横枝、立枝等），便可减少树木的损伤。

创作—整理徒长枝

AFTER

BEFORE

榉树在春天生长得很快，稍不留意就会长出显眼的徒长枝。不仅仅是修剪徒长枝，如果能同时进行枝叶的整理及摘芽的话，就不会出现生长上的问题。

创作—矫正树形

在落叶纷飞的冬季可以经常看到枝杈。在小树生长了三四年的阶段，当你发现枝杈开始分明且体积一点点扩大时，可以在深秋过渡到冬天时预先把枝杈捆起来，从而矫正树形。

●树形的矫正方法

在不给枝杈根部增加负担的同时，用金属丝轻轻地绕一个圈，并朝着顶部一层层地往上缠绕

〈矫正时期〉

在枝杈进入冬天的准备前，最好在落叶开始掉落的 2~3 周进行矫正

◀树高 17cm

制作范例—❶

枝杈分明且粗壮，描绘出丰富的流动性，是不可多得的佳品。整个树木稍稍偏右，但流动的树枝达到完美的平衡，细枝的攀爬亦恰如其分。与花盆及苔藓的绝佳配合，引诱大家将所见的事物幻想成广阔的风景。

树高 19cm ▶

制作范例—❷

粗壮的根部述说着岁月的故事，由此舒展开来的枝叶姿态乃此树的独特格调。晚秋的榉树红叶色彩美丽，是极好的看点。

◀树高 18cm

制作范例—❸

通过强调纤细的枝杈造型来增强榉树原来给人的印象。看到由树木主干处一口气分支出来的树木造型，内心深处便自然而然地浮现出由下而上仰视大树的构图。这是可以品味出空间开放感的杰作。

榔榆

榔榆标准的日文名称读作秋榆，是榉树的同类，属于落叶乔木植物。由于叶片很小，和榉树有些相像，因此在盆景中亦读作榔榆。榔榆主要生长在日本中部以西地区。

由于树干变粗较早，枝杈也很容易打理，因此容易培养出精致的小作品。哪怕是被称作迷你盆景的『手掌盆景』，榔榆仍可完美胜任，初学者从中也可以体会到盆景的乐趣。这是特别推荐的树木品种。

秋天的黄叶格外鲜艳夺目，冬天仔细修剪过的裸木枝杈姿态尤其美丽，还有春天颜色明亮可爱的新芽，四季特点分明，可以说这就是此树木品种的魅力之处。有一种树木品种叫『友禅榉』，新芽看上去像开花了一样，属于黄叶树木品种或带斑叶树木品种。

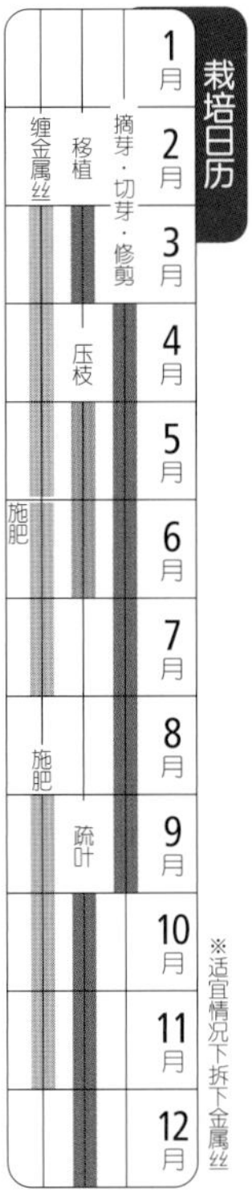

树高 7cm ▶

中文名	榔榆
别　名	小叶榆、秋榆、红鸡油
日文名	**アキニレ**
学　名	*Ulmus parvifolia*
分　类	榆科 榆属
树　形	双干、三干、模样木、帚立、连根

日常管理小窍门

放置场所

放置在向阳处或半背阴处均可。虽然晒太阳可以让树木更好地生长，但要避免夏天太阳暴晒。

浇水

如果浇水充足的话，树干会很快变粗。控制浇水量，生长会稍微变缓。由于耐旱，培养方式可根据浇水的多少进行调整。

施肥

榔榆属于生长迅速的树木品种，因此可以多次且较大量地施肥。如果施肥不足，树木的枝杈数量减少，会导致意想不到的地方出现枯萎。

移植

由于根的生长很快，要注意不能让根部结块。小树需要每年移植一次，等稍微稳定之后至少也要每隔两年进行一次移植。

病虫害

嫩芽时期会有蚜虫及天牛等虫害。天牛幼虫附着在树干上，因此需要通过渗透性的杀虫剂进行预防。

培育—摘芽

由于生长旺盛，春天的抽芽、枝杈伸展均较早，因此要尽早摘芽。摘芽后会抽出新的嫩芽，为了可以细致地修剪枝杈，摘芽是一项必不可少的操作。春季至夏季期间尽可能进行两次摘芽。

即便是按照想象中的树形进行摘芽、修整，枝杈也会很快地再次生长。在初夏摘芽时，修剪的轮廓应比想象的轮廓小10%左右。这么一来，秋天时就会长得和想象中的一模一样，取得良好的协调性。

榔榆的生长十分旺盛，但对环境变化十分敏感。如果水或肥料不足，那么树木会根据环境的变化而调整出最适合的造型。虽然适应能力强，但此植物的枝杈很脆弱，容易折断。因此在摘芽或缠绕金属丝的时候均需十分注意。

芽尖的柔软部分应用手指或小镊子取下，而枝杈伸展的部分则应用剪刀剪断。把枝杈顶梢的芽剪掉后，侧芽会作为枝杈伸展，修剪也将变得细致。在这个阶段中，应提前剪掉从横着的枝杈或树干上直接长出来的副芽。

AFTER

BEFORE

在5月中旬，新芽将变成叶片，枝杈因位置的不同而肆意生长。若放任不管，将导致枝杈生长缓慢，因此需要通过摘芽去整理大概的轮廓。

50天后

用剪刀把多余的枝叶剪掉。注意修剪程度应依照比想象的造型小约10%进行修剪。因为枝杈容易折断，需注意不要把重要的枝杈折断了。

AFTER

BEFORE

到了7月下旬，已经摘过芽的树也长出了很多徒长枝。也有显眼且变得粗壮的枝杈，可以深刻感受到其生长的速度。

培育—移植

因为榔榆在萌芽初始阶段就生长得十分迅速，因此应尽早移植。

如果想培养速度快一点的话，可以使用以赤玉土小粒与鹿沼土或桐生沙2：1的比例混搭的粗土，其属于排水性良好的移植土壤。随着树形的逐步稳定，赤玉土的比例可以相应增加。

1 因为度过了一个冬天后出现了徒长枝，因此要整根剪断之后再进行移植。

2 这种树的特征是粗根围成圈，大概修剪之后便可解开。

3 浅浅地铺上一层盆景用土，放入树木，用金属丝紧紧地固定根部，再倒入盆景用土。

创作—压枝（一）

生长迅速的树木，往往会不经意间就长高了。另外，有些树木没有按照最初想象的造型生长，或者说看了树木的造型之后，想按自己的想法进行修改，这时就需要重新制作，进行压枝（⬇P44）。由于榔榆容易生根，适应力十分优良，可以说是容易压枝的树木品种。即便进行了相关的操作，树皮（形成层）也会很容易地剥落。

但是，再怎么结实，对于树木来说，一旦隔绝了营养，就

●生根剂的准备（◀P96 7 中使用）

准备粉末状生根剂、浅托盘、水、纸巾等

将适量的粉末溶在水里，搅拌成糊状

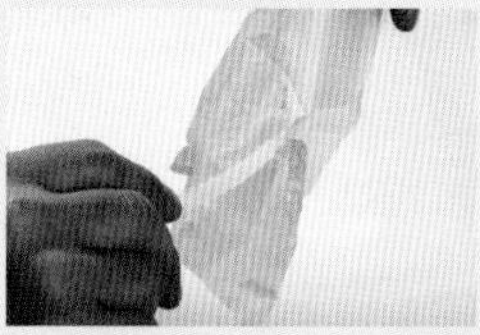

将纸巾沿着竖直的方向撕成1~1.5cm 宽的条状

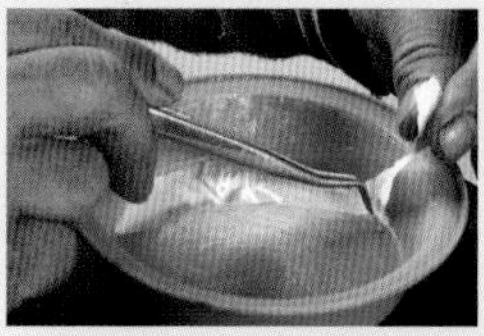

将条状的纸巾浸泡在已经溶解的生根剂里。可以使用水苔代替纸巾

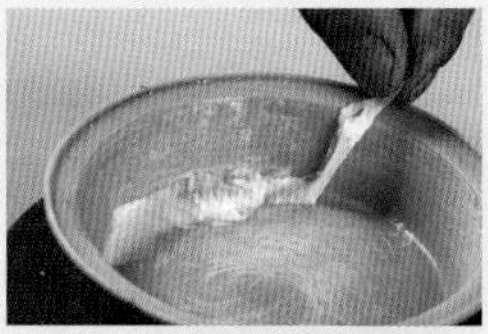

为了不让药剂在浇水的时候流出来，同时也为了达到效果均一的目的，应将纸巾完全渗透

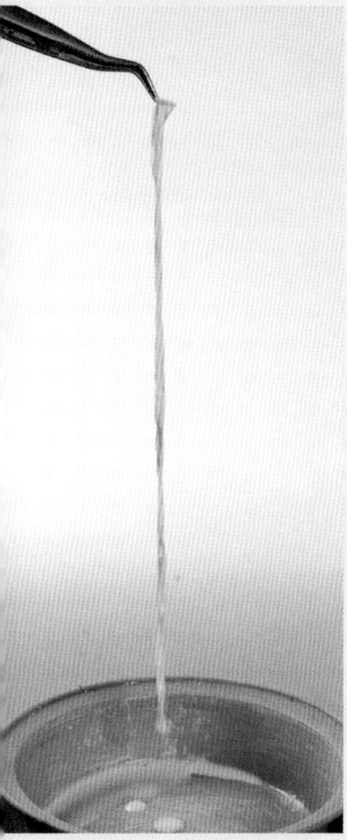

浸泡后的条状纸巾的状态。这样比直接涂生根剂显得更为简单

如同做了大手术一般。

即使在树皮剥落之后留下一层薄薄的绿色形成层，树也会因为树瘤覆盖了伤口而导致不再发根。另外，由于生根剂接触到伤口而导致腐烂的事情也时有发生。

让我们怀着照顾孩子的心情，在操作过程及其后的处理过程中细心地照料树木吧。

1 首先进行修剪。一边想着欲重新塑造的形象，一边调整树形。

2 然后在根部以上范围内划一个环状的切口。

3 在上下切口之间竖着划一个伤口，然后把树皮剥落。

4 一点点地刮下残留下来的形成层。注意不要刮太深，以免折断树干。

（⬅续下页）

春天摘芽之后，由于枝杈伸展，树长高了不少。因此，为了重新塑造树形要进行压枝。

剥皮后的部分用水苔覆盖，并用塑料薄膜裹上。（▶P44）

创作—压枝（二）

压枝开始一个月后，渐渐可以看到根系从塑料薄膜中伸出来。如果两个月后看到越来越多细小的根系出现的话，就到了压枝的最后阶段了。

在这里以树木上部的移植为例，压枝后的树桩当然也是在生长，不久就会长出新芽和枝杈。可以把下部残留的枝杈进行压枝，然后两盆一起培养。

细小的根系在增加，数量多得几乎要把塑料薄膜撑开。这时可以进行压枝的最后一项作业。

5 大概削完的阶段。可以看到浅褐色及绿色的部位还残留着形成层。

6 继续用小刀把形成层薄薄地削去之后，准备生根剂。

7 将已经浸透了生根剂的纸巾缠上之后的状态。需注意不要触碰到树皮剥落后的部位。

8 在树皮剥落的部位卷上湿润的水苔，并裹上塑料薄膜。（▶P44）

提高 — 制作范例

榔榆经过一段岁月之后，树干和根部均洋溢出优雅的情调。尝试各式各样的技巧之后，可以早日看到其成果也是分外激励人心。可以说榔榆是最适合在享受的同时磨炼技术的树木品种。

制作范例 — ①

在移植之际，将粗壮的根部比作树干而塑造出来的成品。虽然还是小树，但是与花盆相当般配，整体的平衡感亦格外出色。

树高 14cm ▶

制作范例 — ②

此作品是微型盆景。通过反复进行摘芽和移植等操作，让人可以品味出极小的巨木之感。这一点可以说是小品盆景的乐趣。

◀树高 7cm

1

首先，整理那些为了不让树木夺走根系的生长能力而预先放置一边的枝叶。针对过于极端的徒长枝，也可以在此之前剪断。

2

把塑料薄膜取下并大概把水苔剥离之后，就可以看到根系的状态。仔细观察，整理冒出来的粗根。树干用斜口剪（▶ P29）慢慢地剪断。

3

在根部露出的部位的下方把树干剪断分离之后，剩下的树干部分用花剪或球节剪等工具剪到根部为止。一口气把树干及树瘤剪掉的话很容易剪到树根，这一点请注意。

注意不要剪到树根，只需要慢慢地把树干剪断

4

整理了根部并剪短，同时把根与根之间的水苔取走的状态。这时进行暂时移植。如果移植前整理一下根部的话，可以减小树木负担。

5

此为把根进一步剪短后移植的成品。覆盖水苔至根部，使其不会干涸，以达到养护作用。

三角枫

枫树有很多种，而盆景中说到的枫树常指树叶分成三片的唐枫以及变种的台湾三角枫。园艺中还有一种槭科槭属的鸡爪槭，通常被称为『红枫』（➡P110）。唐枫顾名思义，是源于中国的一种树木品种。三角枫的枝杈纤细，可以欣赏到各种树形的美态。秋季，似火的红叶十分美丽。

近年来，路边也经常可以见到这种树，树干挺直，生长旺盛。由于耐热、抗冻、生长迅速，枝杈及根系都伸展得很快。为了可以塑造一个美丽的树形，必须勤于照料。

可以说三角枫是一种只要你细心照料，它便会以十二分的成果去回应你这份用心的树木。

栽培日历

1月 2月 3月 4月 5月 6月 7月 8月 9月 10月 11月 12月

- 移植
- 摘芽・切芽・修剪
- 施肥
- 缠金属丝
- 剪叶
- 施肥
- 摘芽・切芽・修剪

※适宜情况下拆下金属丝

树高 19cm ▶

中文名	三角枫
日文名	**トウカエデ**（唐枫）
学　名	*Acer buergerianum*
分　类	槭树科 槭属
树　形	直干、模样木、悬崖、风吹、株立、寄植（丛林式）

日常管理小窍门

放置场所

放置在日照、通风均良好的地方。环境除需满足上述条件之外，还需看得见且易勤于打理。

浇水

因为需要多次剪叶，所以多浇水是毋庸置疑的。

施肥

在持续剪叶期间，以每月一次的频率施肥。在小树阶段可通过多次施肥促进生长。如果枝杈变得纤细，则要控制用量。

移植

根系生长得很快，在根系堵塞之前进行移植。最好一年一次。

病虫害

为了预防蚜虫和霉菌病，要尽早使用杀虫杀菌剂。而为了预防天牛幼虫，在冬天的时候使用杀菌杀虫剂可获得显著效果。

培育—移植

关于三角枫的移植，如果可能的话最好在发芽之前进行，但由于树的长势惊人，在树叶长出来之后移植也是可以的。因为树根张力很早就会开始，当发现根部出现了发育成熟的征兆时，即使是梅雨时节也应该选择移植。

注意，如果在春天树叶生长期间移植，根部被切断会导致树叶因缺水而干枯。因此要预先修剪整体的树叶（➡P34），这样可以减轻树木负担。

BEFORE

春天长出了很多叶片的状态。这时的叶片尚且娇嫩、柔软，如果进行移植，会导致叶片枯萎，因此应该在移植之前把叶片全部剪掉。

AFTER

进行移植，并换了一个合适的花盆。在表面覆盖水苔以保持水分，将花盆稍微倾斜以便于浇水，放置在半阴凉的地方养护。

1 注意不要误伤小枝杈，用剪刀从叶柄中间把叶片一片一片地剪掉。这时也可以把多余的枝杈剪掉。

2 此为剪叶完成的状态，可以很明显看到树姿。

3 把植物从花盆中拔出，会看到粗壮的根缠绕得满满的。如果这样持续下去，会导致水分及养分不足。因而要先用剪刀大概地修剪一下，然后一边剥离，一边细致地修剪并整理。

4 此为剪掉了盆景整体的4/5的状态。这时候可以准备更换合适的花盆。

（⬅转下页）

创作—修剪

在类似三角枫或红叶等欣赏红叶的杂木当中，剪叶可以说是重要的一道工序。因为叶片薄的红叶才漂亮，因此勤于剪叶可以提高美感。

整体的剪叶大概一年进行一次就足够了，但是之后生长出来的新叶，则应该在树叶尚且柔软的时候就用手指摘掉。通过重复的剪叶抑制树叶生长。肥料可带来能量，给树木带来生长的动力。

BEFORE

AFTER

剪叶对于树木来说，等于失去了来自阳光的能量源头。为了补充流失的养分，如果在操作之后施肥的话，则可以获得良好的效果。

1

把生长势头强劲的新芽摘掉。用手指捏住2~3片显眼部分的新芽，然后摘掉。

2

注意不要拉扯到枝杈。如果勤于进行的话，用手就可以完成操作。

保持捏住的状态并拔出

5 在准备了盆底网（▶P31）及金属丝的花盆里铺上塘泥，并把植株暂时放在花盆里。

6 观察了树干与枝杈的对称性之后决定摆放位置。

7 用钳子扯着金属丝，并稍微用点力将其拧紧。如果固定不好，根部容易乱成一团。

8 注入盆景用土，并将筷子插进泥土中，将土壤间隙填实。

制作范例—1

株立式盆景。红色、橙色、黄色混杂搭配，色彩鲜艳，娇艳欲滴。落叶衬托在水苔上，让人联想到叠翠流金的秋天。

制作范例—2

优美的双干作品。蕴含着初秋绿叶那清凉之感，是一个让人感到清爽的作品。其平衡性以及花盆搭配均很流畅，十分美丽。

制作范例—3

这个作品恐怕是从压枝开始就已经附着的附石盆景。根部与石头紧密结合是其特征。另外，细腻处理大量小枝杈，这一点也相当出色。

制作范例—4

通过“复原”的造型手法，把树干培养得格外粗壮，塑造出从块状树干向外伸展的独特的树形。由于各自的枝杈流向都蕴含着丰富的情绪，因此具有一种生机勃勃的紧迫力。

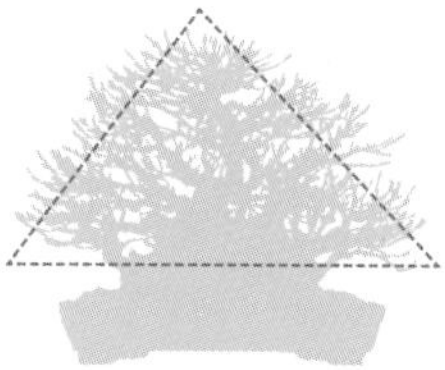

头部为宽广的不等边三角形。由于底边的范围比花盆广阔，因此看上去显得树木十分雄伟，让人感到力量强大。

亚洲络石

『亚洲络石』是络石属植物的变种，为小型品种。如果和基本种类比较的话，会发现亚洲络石的叶片非常小，叶尖呈针状。

亚洲络石的叶面皱褶，除了绿叶之外还有黄叶或有白斑的叶片。如果将花盆慢慢缩小的话，树叶会变得更加小。

带有光泽且紧凑的叶片常年翠绿，全年闪耀着美丽的光辉。到了秋天，成熟的叶子呈现出火焰般的红色，是每年的压轴美景。另外，其树干的细腻纹理也是其他树木品种所没有的，这是属于亚洲络石的独特魅力。

由于亚洲络石属于藤蔓类植物，如果任由枝杈徒长，反而会导致生长缓慢。勤于修剪可以使树干变得粗壮，枝杈也会变得更加细致。

栽培日历

作业	1月	2月	3月	4月	5月	6月	7月	8月	9月	10月	11月	12月
移植					●	●	●					
扦插・摘芽・修剪				●	●	●	●					
整枝					●	●	●					
施肥			●	●	●				●	●	●	
缠金属丝・拆金属丝			●	●	●	●						

◀树高 16.5cm

中文名	亚洲络石
别　名	定家葛、柾葛
日文名	**テイカカズラ**
学　名	*Trachelospermum asiaticum ‘chirimen’*
分　类	夹竹桃科 络石属
树　形	模样木、悬崖、附石

日常管理小窍门

放置场所
生长期间只要放在日照良好的地方就会生长得很好。但是，当遇到花盆过小的情况时，放置于从午后开始阴凉的半背阴处较为适宜。

浇水
充分浇水便可以很好地生长。夏季是早晚充分浇水，冬天休眠期的时候则需要控制，并注意泥土表面不要过于干燥。

施肥
此植物喜欢充足的肥料，因此在生长期间宜每月施肥一次。

移植
移植的间隔为三年一次。为了让枝叶变得细小紧密，如果根部也能变得紧密便可抑制徒长枝的生长，从而容易培植。

病虫害
除了需要预防新芽时的蚜虫之外，没有别的病虫害。伤口愈合速度也很快，是顽强的树木品种。

培育—摘芽

一根根地剪掉枝杈

亚洲络石的芽并不是从叶柄长出来的，而是直接从枝杈长出来。对于那些从整体树形冒出来的叶芽或叶片生长没有左右对称的叶芽，把枝杈一根根地剪掉会比较好。即使仅仅把叶芽摘掉，也会马上就长出来，甚至长得更长。

培育—修剪

当成熟的底叶上长出新芽时，将下方的大片底叶从根部剪掉。如果让大片底叶继续生长，则容易为枝杈增加力气，从而形成徒长枝。重点是抑制这种力量，并把短枝杈引向大多数枝杈的附着方向。

培育—整理徒长枝

也只有藤蔓性植物会有伸向四面八方的徒长枝。因为会各自伸展至长有叶片的树节之间，从而导致长势非常惊人且范围广阔。

POINT
用剪刀从徒长枝根部剪断

如果徒长枝长得很粗，而树干不粗，则会导致根部变成树瘤状，因此，应尽早将徒长枝从根部切除。

创作 — 缠绕金属丝

藤蔓性植物本来就拥有枝杈伸展蔓延，并在广阔范围内生长的特性。枝杈前端如果碰到某些物件就会自觉往上缠，寻求可以沐浴更多阳光的地方。

将藤蔓性植物作为盆景进行培养的时候，要不断地进行摘芽和剪叶，抑制生长力量，这样就能将其制作成茂密的小型树形。如果在幼苗的时候就缠上金属丝，引导生长方向，就可以制作出各种各样的造型。

但是，从幼苗时期的短小树干造型开始，枝杈的生长就变得随意起来，因此未免有点难以想象树的形状。在移盆并移植之前，从枝杈的粗细及流向去确定主要枝杈的方向，提前确认容易弯曲的枝杈。结合树的个性去进行构想，就可以逐渐使树形变得丰满。

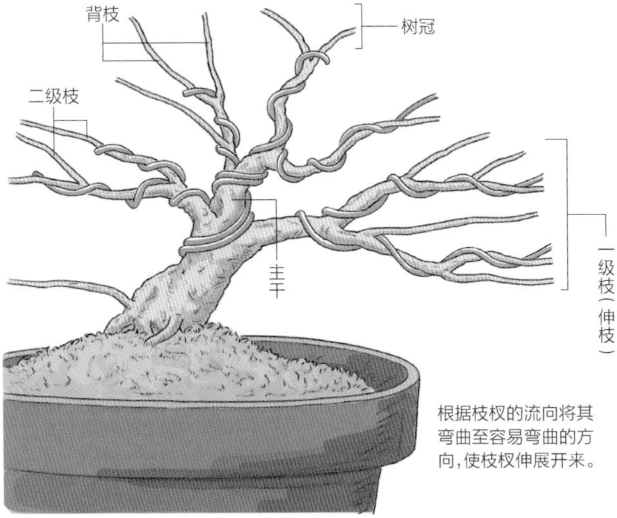

根据枝杈的流向将其弯曲至容易弯曲的方向，使枝杈伸展开来。

1 移植扦插幼苗2个月之后的样子。缠绕上金属丝去确定基本的树形。

2 从树干开始缠绕金属丝。首先从树干开始塑造一级枝的基础形状。如果1根金属丝不够的话，就用2根，往弯曲的方向牵引。这时候主干呈半悬崖状。主干部分完成之后，枝杈部分则从粗枝开始按顺序折弯、牵引。

盆景小知识

这是扦插后第三年的苗木。枝杈像藤蔓性植物般生长得极其凌乱。虽然向着阳光的芽生长得非常好，但背对阳光的枝杈也会生长，并相互缠绕。用长棍子像梳头发一样慢慢地梳理成放射状的话，就可以渐渐看到枝杈的生长方向

制作范例 — ①

尽管此模样木的树形较小，却营造出一种悠然的巨木格调。树干的曲线塑造得十分成功。底部有一种沉稳感，与枝杈形成了良好的平衡感。

树高 15cm ▶

制作范例 — ②

晚秋至初冬时期，叶片开始变红。伫立于右侧的巨大树干与宽松的树冠形成鲜明对比，枝杈划分（各枝杈的造型）亦格外细腻。面向右侧的线条协调感较好。

▲上下 21cm
左右 27cm

制作范例 — ③

探枝塑造得相当成功的模样木。左边随意的树形蕴含着如同悬崖般的流动感。无论是树干的粗细、伫立的高度，还是平衡性、树皮的质感、枝的细密程度，均可堪称完美。

树高 19cm ▲

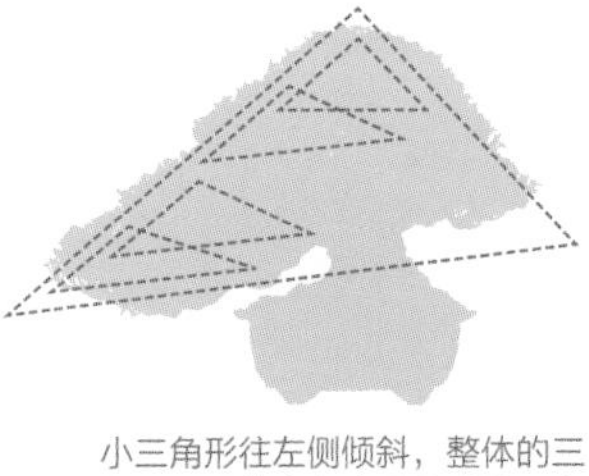

小三角形往左侧倾斜，整体的三角形呈现着古色古香的味道，向人展示着大树的威严。

日本紫茎

日本紫茎与被称作『娑罗树』的红山紫茎是同属植物，但它的外形较小，而且种类完全不一样。日本紫茎的花叶比红山紫茎的花叶要小，适合作为盆景培育。

极具特征的地方是树皮，带有接近古木般的红色，让人情不自禁地想去抚摸其柔软的质感。

群生在日本箱根芦之湖畔的日本紫茎林十分有名，给人一种柔韧的树木印象。通过盆景就可以观赏到优美的林间景色也是挺不错的。另外，即使是制作成模样木，但若以柔和的浅紫色卷曲模样进行培育的话，便能呈现出其本来的魅力。

初夏绽放白色的花朵，秋天那明艳的红叶均为日本紫茎的美丽之处。即便是秋天落叶之后，也能观赏到柔软且优美的枝杈与树皮。因此，日本紫茎是一种随着四季变化能展现出多种格调的树木。

栽培日历

1月　2月　3月　4月　5月　6月　7月　8月　9月　10月　11月　12月

- 缠金属丝：1月～3月
- 移植：3月～4月
- 摘芽：4月～6月
- 疏叶：5月～6月
- 拆金属丝：7月～9月
- 施肥：4月～6月
- 施肥：8月～10月

树高 20cm ▶

中文名	日本紫茎
别　名	姬娑罗、猿田木、赤木
日文名	**ヒメシャラ**
学　名	*Stewartia monadelpha*
分　类	山茶科 紫茎属
树　形	直干、模样木、株立、寄植（丛林式）、文人木

日常管理小窍门

放置场所

虽然日本紫茎是喜阳的树木，但日照会导致植物不停地往上生长，下方则渐渐枯萎。因此需要放置在半背阴至背阴处。

浇水

和其他树木品种不一样，日本紫茎的根部主要扎根在表土附近。因此要多浇水，防止表土干涸。

施肥

多施肥可以保护柔弱的嫩芽，也容易进行养护。在整姿之后进行调节。

移植

表层的根部很重要，当根部变硬的时候就可以进行移植。2~3年进行一次移植。

病虫害

在平地里对抗病虫害的能力较弱。如果药物浓度过高，则会导致落叶。因此要注意稀释，并在浇水之后喷洒。

培育—剪叶

由于日本紫茎的抽芽势头并不是那么强烈，因此在摘芽之后的剪叶步骤中，只需把影响树形的部分剪掉就可以了。虽然叶片过少会导致不开花，但为了可以观察到枝杈的线条和强弱，剪叶和整枝是非常重要的。

整体剪叶之后把多余枝杈剪掉，留下有意伸展的枝杈上的树叶，并通过缠绕金属丝进行树形调整。

剪掉固定好树形的树木上冒出来的叶片。

盆景小知识

这是把移植后第二年的日本紫茎从花盆中拔起来的样子。即使经过了两年，根系依旧没有向下生长，而是向着表层伸展。由于根部集中在容易干涸的区域，因此要注意防止泥土干裂

POINT

在确定树形、剪叶的同时观察枝杈的强弱及方向，如果有不要的枝杈，将该枝杈剪掉

培育—处理伤口

在剪断粗枝杈的时候，让我们来保护切口吧。

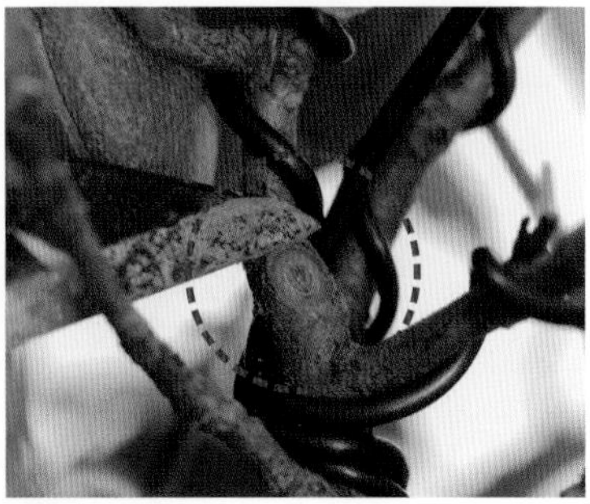

1 剪断粗枝的时候，用锋利的刀等工具把切口切光滑。

2 为了不让细菌进入伤口，要在切口上涂抹市售的胶状愈合剂。

这是涂了愈合剂并过了 3 个月后的切口。伤口上覆盖了新的组织，变得不太显眼了。日本紫茎的树皮虽然美丽，但却很容易受伤，属于应精心保护的树木品种。

创作—缠绕金属丝

虽然日本紫茎的树形与红叶就已足够让人大饱眼福，但由于其拥有向下的枝杈向上伸展的特性，因此，如果想制作成盆景的话，则需缠绕金属丝，并固定出一个形状。

缠绕金属丝是和剪叶、修剪同时进行的，留下柔弱的部分或想变得粗壮的枝杈即可。

1 从树干部分开始缠绕金属丝，按枝杈、小枝杈的顺序进行缠绕。因为日本紫茎的树皮容易受伤，因此用柔软的铝丝会比较好。

2 可以在缠绕金属丝的同时进行剪叶和修剪。在尝试固定出一个形状之后，把过长的部分进行第一次的修剪。

盆景小知识

此杂木盆景的树形也是不等边三角形。头部与一级枝为长斜边，二级枝与背枝则相互取得平衡。注意在变粗的一级枝上留下叶片

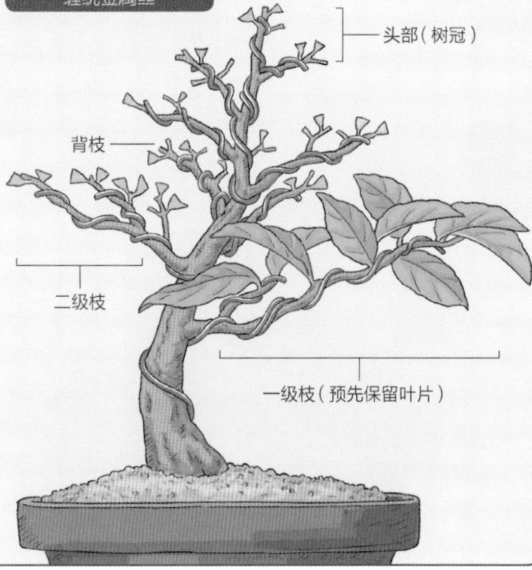

3 通过缠绕金属丝去抑制枝杈的枝干伸展（不是分支，而是仅有伸展枝杈上有小枝杈），从而成为不仅仅欣赏其轮廓，也可以欣赏其打枝的盆景。

制作范例—❶

让人无法移开视线的蜿蜒曲折的模样木。经过岁月洗礼的树干显得苍劲有力，表现出树木抵抗风雪等自然环境的顽强不屈的精神。轻巧、微妙的枝杈形状与其厚重的格调取得了绝妙的平衡，彰显出独特的个性。

◀树高 19cm

树高 19cm ▶

制作范例—❷

与大地紧密结合的裸露根显露着时代感，光滑挺直的树干展现着日本紫茎那极具特征的美丽木肌，直达顶梢的开阔视野展现着细腻的整枝技巧，可谓是上上之作。

◀树高 21cm

制作范例—❸

虽然是小树，但整体呈现出极好的平衡性，让人联想到树荫的清凉。这种树作为模样木也能很好地表现出此等美妙的风景。

红枫

在盆景的世界中，槭科槭属中叶片分成五片以上且叶片细小的日本红枫及其变种的山红枫统称为『红枫』。

园艺中的红枫品种非常多，无论是叶片颜色、形状，还是树形都有各自独特的个性。深红或紫红色的叶片、黄色的叶片、带有斑点的叶片、狮子叶、细尖叶、下垂性的枝叶等让人目不暇接。

作为盆景的红枫枝条分配细腻，连小枝条都可以简单培育；树干容易变得粗壮，可实际感受到它的成长，这两点可以说是红枫的魅力所在。这也使得别具格调的单干、双干树形，趣味横生的移植等培育成为可能。具备下垂性质的植物则适合文人木、悬崖式、附石式等盆景。由于种子很多且易获得，因此也可以享受发芽的乐趣。

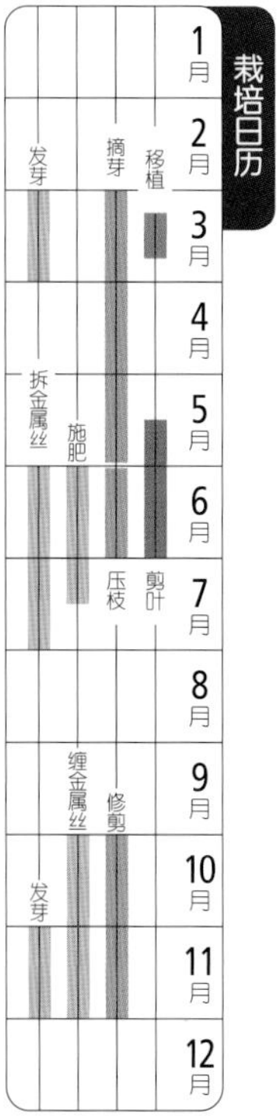

◀上下 11cm
左右 15cm

中文名	红枫
别　名	鸡爪槭、山红枫（变种）
日文名	**イロハモミジ**
学　名	*Acer palmatum*
分　类	槭科 槭属
树　形	单干、双干、三干、寄植（丛林式）、文人木、悬崖、附石

日常管理小窍门

放置场所
适合放在半阴凉的地方，有助其生长。放置在日照、通风的地方也可以，但必须注意防止缺水。

浇水
当表面土壤干燥的时候，应充分进行浇水。红枫喜湿润，因此请尽可能多地浇水吧。

施肥
经常施肥的话，叶片会增多，树干也会很快变粗。但是在调整了树形之后，施肥过量会导致粗糙程度变得显眼，因此要控制施肥量。

移植
为了养护细小的枝杈，移植时间间隔稍微隔开一下会比较好。2~3年移植一次即可。

病虫害
发芽期间喷洒杀菌杀虫剂。冬天，为了防止病虫害以及虫卵越冬，要进行树皮管理和喷洒杀菌杀虫剂。

培育—剪叶

为了增加枝杈的数量，并让红叶变得漂亮，剪叶是不可或缺的工序。摘芽之后长出来的叶片大小不一，厚度也参差不齐。在绿叶繁茂的初夏，让我们毫不留情地全部剪掉吧。

在那之后长出来的第二颗芽的大小便会统一，并长成薄薄的叶片。剪叶后可以看到枝杈，因此，此时是调整树形方向的好机会。

培育—扦插

在园艺世界中，发芽未必会获得与原生木一样特性的幼苗，但扦插可以获得同样特性的幼苗。虽然发根率会由于品种不同而有所不同，但是山红枫系列的成活率还是挺高的。

树干因过硬且过粗而难以折弯也是红枫的特征之一。因此，由压枝或实生得到的可以自由创作造型的幼苗拥有极大魅力。

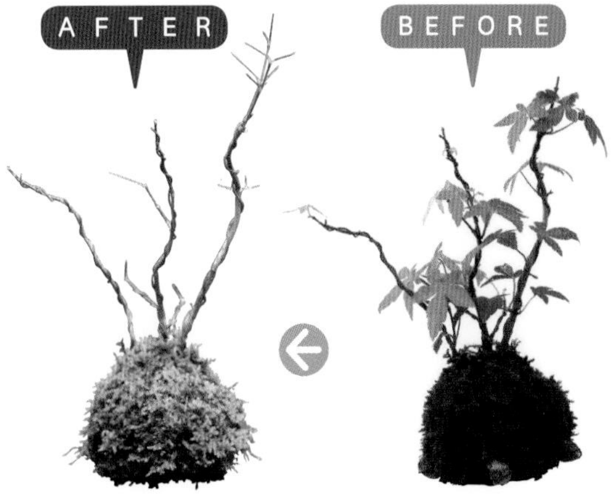
AFTER
BEFORE

在初春便缠上金属丝，并在春天摘芽，初夏枝叶便会变得繁茂。早期长出来的叶片发育成大叶片，而小小的新芽也正在陆陆续续地冒出来。

完成剪叶后的姿态。整理不要的枝杈，并取下金属丝。不久之后新芽和小枝杈便会生长出来。

BEFORE

八房性（普通品种的缩小型）品种的红枫。由于新梢长出来了，在整理枝杈的同时，把该剪下的枝杈作为插穗进行繁殖。

AFTER

把伸展的新芽顶梢剪掉，并整理树姿。

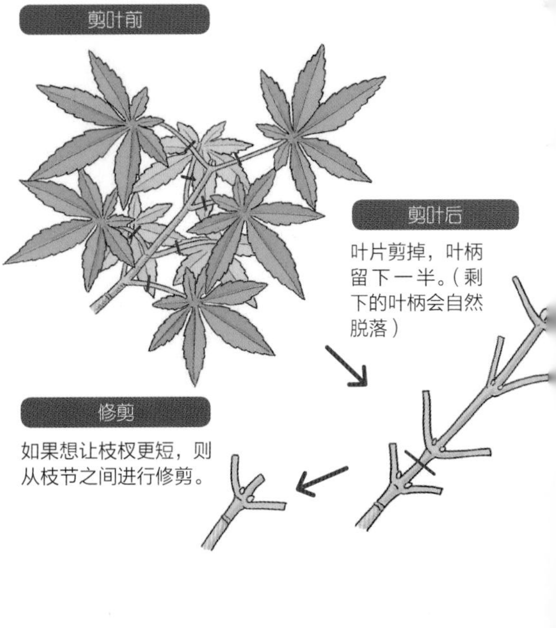
剪叶前
剪叶后
叶片剪掉，叶柄留下一半。（剩下的叶柄会自然脱落）
修剪
如果想让枝杈更短，则从枝节之间进行修剪。

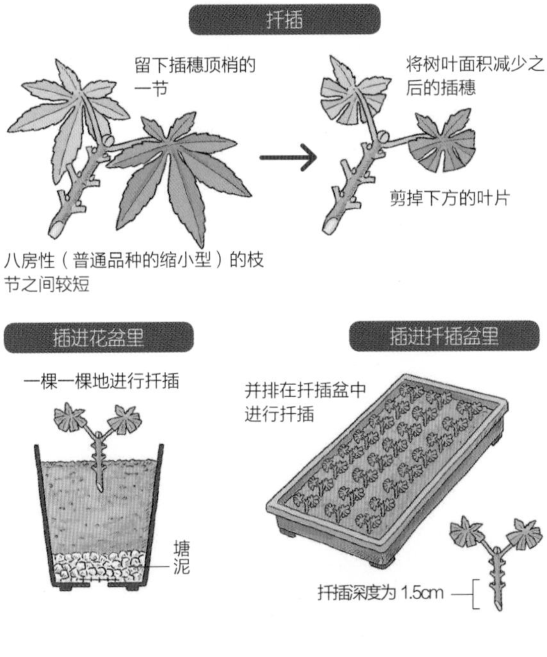
扦插
留下插穗顶梢的一节
将树叶面积减少之后的插穗
剪掉下方的叶片
八房性（普通品种的缩小型）的枝节之间较短
插进花盆里
一棵一棵地进行扦插
塘泥
插进扦插盆里
并排在扦插盆中进行扦插
扦插深度为 1.5cm

制作范例—❶

从蜿蜒曲折的树干和枝杈的和谐对应可以看出，制作者从幼苗开始就注入了满满的心思。经过漫长岁月，这些心思全部浓缩在细碎的树形和平衡中，显出一丝秀逸。

制作范例—❸

八房性（普通品种的缩小型）的“狮子头”。虽然从图片上难以分辨，但实际上这是一盆树高 4cm、宽 4cm 的微型盆景。乍眼一看挺可爱的，洋溢着别样风采。

制作范例—❷

由于八房性（普通品种的缩小型）“狮子头”的小枝杈不怎么分支，因此很难体现出时代感。但是，这种树通过分枝却传递着岁月之情。与花盆的搭配十分协调，是不可多得的佳作。

制作范例—❹

红枫盆景中极具代表性的树形。虽然是幼苗，但对于浅紫色的树干和树形来说（指的是弯曲缓慢），枝叶已初步获得了平衡性。可以说将来经过岁月洗礼之后，会不断增添格调。

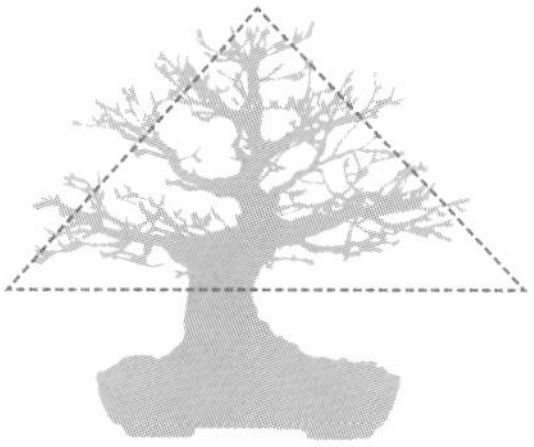

在红枫的典型树形中，头部不会削尖，而是用小枝杈进行造型。在下方枝杈的空间中打造大方自然的不等边三角形，并通过树干的粗壮程度去强调稳定性。

水蜡树

水蜡树在日本各地属于自由生长的落叶灌木，与在庭园树木中颇有人气的普通女贞和作为矮树篱笆的日本女贞同为女贞属。夏天绽放素雅的白花，从秋天过渡到冬天的时候则结出紫黑色的果实。

作为盆景时，水蜡树健壮如笔尖般，不怎么需要打理。相反，哪怕培育了20年以上树干也不会粗糙，反而光滑如昔，因此，水蜡树又被认为欠缺一种源远流长的古典味道。

但是，有一种粗皮性的水蜡树品种，不到10年时间树干就会裂开，从而带来古色古香的趣味，因此正逐渐受到大家的欢迎。可以说，这种树木品种不需要怎么打理，只要在『创作』这一方面多下功夫就可以了。

中文名	水蜡树
别　名	小米花、蝴蝶戏珠花、辽东水蜡树
日文名	**イボタノキ**
学　名	*Ligustrum obtusifolium*
分　类	木犀科 女贞属
树　形	模样木、株立、悬崖、连根

树高 16cm ▶

栽培日历

1月	2月	3月	4月	5月	6月	7月	8月	9月	10月	11月	12月
移植・整枝		━	━	━	━	━	━	摘芽・剪叶		━	播种
	播种	━	施肥	━	━	━		施肥	━	━	
				拆金属丝	━	━		缠金属丝	━	━	

日常管理小窍门

放置场所

水蜡树是一种不挑地方的顽强树木品种。光照多的话，树干会变粗；放在阴凉地方，枝杈会有增多倾向。

浇水

因浇水量不同而改变培育方式的这一点和其他树木品种是一样的，但是水蜡树相对比较耐旱。

肥料

不会因施肥的多少而受到影响或枯萎，但如果施肥过量，徒长枝会变强壮，从而导致难以塑造树形。

移植

随着小枝杈的增加，将进行细致的移植工作。由于根部生长得十分旺盛，因此一年进行一次移植会比较容易培植。

病虫害

没有特别的病虫害，但是天牛会啃破树皮，因此要注意预防天牛幼虫。

培育 — 整枝与施肥

对于大多数杂木类的树木来说，新芽都是笔直冒出来的，因此，整枝就成了一道重要的工序。水蜡树也不例外，但是水蜡树有一种特性，若是一次剪得过多，会导致枝杈的形状变得难以打造。整枝时要保守一些，多花些时间进行多次修剪。

例如，笔直生长的枝杈，不要立即就从根部开始剪掉，而是通过剪叶去控制冒出来的地方的同时，确定能成形的枝杈和不要的枝杈。

为了让枝杈变得柔软，缩短节（长叶片的地方）与节之间的距离尤为重要，要通过频繁的剪叶与修剪去抑制生长力量。虽然会稍微花点功夫，但会给人更多的期待。

水蜡树健壮，是一种容易扦插的树，因此可以把有感觉的枝杈培育粗壮，然后进行扦插。

树木是消耗能量的生物，在剪叶和整枝之后，请务必施肥。即便是剪去一部分的叶片，也要施肥。

1 结合树形，用剪刀将多余的枝杈或叶片剪断。将笔直朝上的枝杈，也就是“忌枝”从根部剪断会比较好。

2 由于横着生长的枝杈关系到树形的发展，因此缠上金属丝，并使之弯曲向下。如果平时就有构想的话，则按照自己的想法塑形。

3 剪叶之后要进行施肥，但注意不要触碰到根部或树干。为了防止肥料被风刮走，要用金属丝对肥料进行固定。

虽然徒长枝笔直地生长，但是也有成形的枝杈。

留下一根徒长枝，并缠上金属丝，使之“向下”。选择好枝杈后，进行一部分剪叶，这样更容易看到枝杈的状态，有利于进行塑形。

施加肥料，给树木补充营养，叶片将会通过根部汲取养分，因此相比较通过阳光摄取营养，肥料更能直接成为树干的能量。让树干变粗可以抑制树的高度，这一点也可以说是盆景的小窍门吧。

4 这是在树木根部放置了一圈肥料后的样子。成放射状，平均地分配摆放。

提高——制作范例

水蜡树非常健壮，哪怕长时间不照料，也会生长得很好。因此，可以充分发挥创造性，尝试将其打造成各种各样的造型。

尤其是粗皮性的水蜡树，经过数年后便显露出各种格调，因此即使做成能用指尖捏住般大小的微型盆景，也是可以深深地感受到其古典味道。

制作范例—①

通过选用浅口长形花盆，强调根部的粗壮。整体葱葱郁郁，展现出大树之格调。小空间可见大风景。

◀树高 10cm

上下 14cm ▶
左右 22cm

制作范例—②

悬崖造型。裸露根及立枝均牢固地与大地紧密结合，树干平衡性极佳，以优美的姿态向左边流动。树皮的粗糙情况也很好地把古色古香的味道表现出来。

盆景小知识

放置固体肥料时，为了防止肥料被风刮走或被浇水的势头冲走，用金属丝将每一粒肥料都牢牢地固定好。这对于整根移植的斜面来说也是容易施肥的方法

插到土中

难以插进泥土的时候，将金属丝的顶端斜剪一下即可

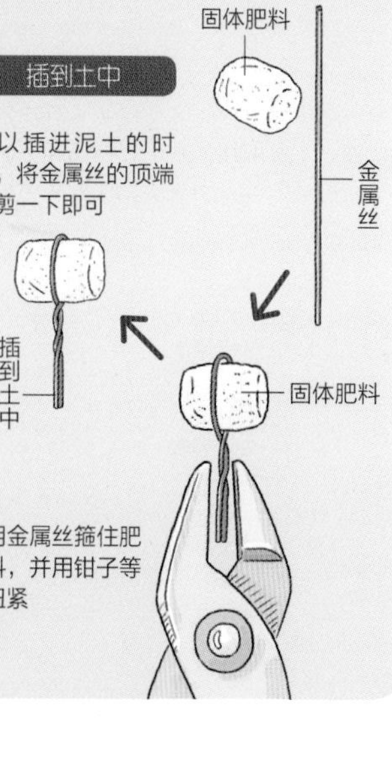

用金属丝箍住肥料，并用钳子等扭紧

豆腐柴

豆腐柴分布在我国长江以南的地区，日本也有分布，树叶、树干、树根有香气。虽然种属与三角枫没有关系，但叶片细小可爱，与三角枫有些相像，因此将其打造成类似于三角枫的微型盆景，倒也适宜。到了深秋，叶片较早就变为黄色，随后黄叶凋零。

健壮且耐旱，虽然春天发芽较晚，但是发芽之后生长迅猛，是一种树形制作起来较为省事的树木。但是如果开始摘芽，树干就会难以变粗，因此培育的初始阶段要以培育树干为目标。当树干变得粗壮且树形也进行了整理之后，短时间内需要重复摘芽及剪叶。可以想到，树形在两三年内是变化不大的，但是在重复『长了就摘』的过程中，枝叶会逐渐长成盆景的格调。这种树可以品味到心思慢慢流露的盆景魅力。

栽培日历

月份	作业
1月	
2月	移植
3月	移植、摘芽、施肥
4月	摘芽、施肥
5月	剪叶、施肥
6月	剪叶、施肥
7月	剪叶、施肥
8月	剪叶、施肥
9月	剪叶、摘芽、施肥
10月	剪叶、摘芽、施肥
11月	
12月	

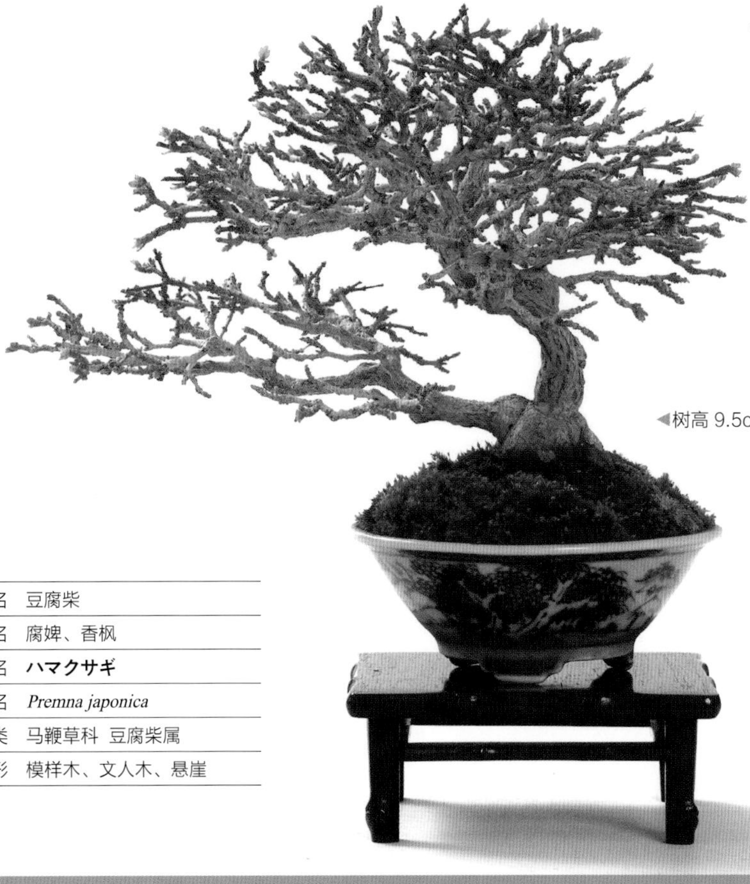

◀树高 9.5cm

中文名	豆腐柴
别　名	腐婢、香枫
日文名	**ハマクサギ**
学　名	*Premna japonica*
分　类	马鞭草科 豆腐柴属
树　形	模样木、文人木、悬崖

日常管理小窍门

放置场所

适合放置在向阳处。只有在生长势头出现减弱时或养护阶段放置在半阴凉的地方。

浇水

虽然是耐旱的树木，但是在施肥期间还是尽可能地多浇水吧。应考虑到肥料与水的相互关系。

施肥

植株健壮，不需要施太多肥。可以选择性地在欲促进枝杈生长的一边放置固体肥料。

移植

不需要频繁地进行移植。小树阶段 3~4 年施肥一次，成树阶段两年进行一次移植。

病虫害

几乎没有病虫害。但是，如果树木变得衰弱无力的话，则容易招来介壳虫。因此，要注意别让树木变得衰弱。

创作 — 缠绕金属丝

当树干变粗壮且枝杈成形之后，选择比较好的枝杈并拉直，在尚细小且柔软的时候缠上金属丝，整理枝杈之后确定形状。这个操作叫『枝杈确定』。

因为豆腐柴的木质较硬，因此在枝杈尚细小的时候确定枝杈会比较好。由于枝杈的根部容易裂开，因此应注意金属丝的缠绕方法。预先留下一根准备枝，这也是技巧之一。

1 在剪断伸展的枝杈之后，观察树形，进行枝杈整理与剪叶。从下往上看的视角也是十分重要的。

2 在缠绕金属丝的时候，由于枝杈容易折断，因此应用镊子等工具细心、轻柔地缠绕。

3 在弯曲枝杈的时候，相比较缠绕后再折弯的做法，不如一边缠绕，一边用指尖确认、调整。

这是为了打造树冠而不摘芽，并拉直了一根枝杈的盆景。由于拉直枝杈之后节间的间距较大，因此可根据今后的生长将其切换为准备枝。

这是金属丝缠绕完成的状态。准备枝也稍微进行了造型。若重复摘芽与剪叶的话，叶片将会变小，从而使平衡性变佳。

野漆树

野漆树在我国华北至长江以南各省区均有生长。深秋时可采摘的木蜡果是蜡烛的原材料。这种树的魅力之处在于始终赶超于季节之前的极其引人注目的红叶。

由于基本是直线生长，也难以分枝，可以在酿造类似杂木林风情的移植或柔软蜿蜒的文人木领域中肆意发挥自己的特色。附石和整根移植亦别具一番风情。

但是，虽然健壮却不耐旱，树冠会枯萎，进而变成从根部开始重新发芽的趋势。有必要根据造型的不同而针对性地进行浇水。

虽然盆景中的野漆树与野外的漆树有所不同，但是还是有人会因漆树过敏，因此请注意操作。特别是为了不直接触碰到树的液体，戴手套进行操作会好点。

栽培日历

1月 2月 3月 4月 5月 6月 7月 8月 9月 10月 11月 12月

- 移植（2月～3月）
- 播种（2月～3月）
- 施肥（4月～6月）
- 摘芽（4月～5月）
- 修剪（6月）
- 疏叶（9月）
- 播种（10月～11月）

◀树高 15cm

中文名	野漆树
别　名	痒漆树、山漆树、木漆树
日文名	**ハゼノキ**
学　名	*Rhus succedanea*
分　类	漆树科 盐肤木属
树　形	模样木、寄植（丛林式）、文人木、附石

日常管理小窍门

放置场所

喜向阳处。如果放置在阴凉处时会有长徒长枝的倾向，那么放在阳光下吧，但要注意防止干燥。

浇水

浇水量与次数是根据造型的不同而有所变化的，但是尽可能注意不要让盆景土壤干燥。

施肥

一个月施加一次肥料。施肥过量会导致红叶推迟或者颜色不漂亮。适合施加氮肥。

移植

一年进行一次移植会比较好。虽然根系少，但会出现早生长的倾向。移植的时候根部容易成团。

病虫害

在新芽萌发的时期，除了蚜虫之外基本没有别的虫害。注意要在发芽前且天气尚冷的时候喷洒杀菌杀虫剂，以进行预防。

创作 — 整根移植

整根移植指的是把树从花盆中拔出，并在此状态下进行培育、造型。多数树木的根部都是牢固的土球，因此都是可操作的。如果放置在平石、水盘或沙石上的话，可以观赏到带有一丝凉意的别样风情。

在园艺店即可购买到实生苗，可以制作成寄植式盆景，让我们试着表现出森林景观吧。

虽然有必要注意干燥，但无须担心根部结块的现象出现。随着时间的推移会渐渐营造出氛围。

1 从花盆中拔出来后的样子。土和根系紧密结合在一起，形成盆状土球。为了不使其松散、掉落，放在平石上之后再进行作业。

2 进行间苗。如果直接拔出，会破坏土球，因此要用剪刀剪断。

3 用湿润的水苔裹上，并用线牢牢地绑好。虽然一开始会有不协调的感觉，但是很快就会协调。虽然在这里用了容易分辨的白线，但实际上是用黑线，并用线把水苔等绑好即可。

BEFORE

用在园艺店买入的实生苗制作的寄植式盆景。准备平石，似乎可以近距离欣赏到大自然的景观。

AFTER

完成整根移植后的样子。直到发芽为止要注意不要干涸，并在半背阴处养护。

捆石龙

捆石龙为爬山虎（又名地锦）的石化（石化指的是在生长过程中出现了变异）品种。捆石龙的藤蔓是弯曲生长的，节间短，叶片厚且呈波浪状，其生长的姿态像极了龙腾飞的样子。

叶面有光泽，拥有一种独特的新绿之美。藤蔓枝原本就是弯曲的，因此容易折弯。因其独特的感觉而成为极受欢迎的盆景树木品种。

虽然树干变粗的速度比较慢，但由于会长出气根，因此可将该部分做成插穗，从而进行简单的繁殖。

此品种非常健壮，不管怎么样，叶片都会长得密密层层，因此要十分注意由蒸腾引起的干枯。冬天，十分耐寒。盛夏容易出现烤叶的现象。

栽培日历

月份	移植 / 施肥	扦插	缠金属丝·拆金属丝
1月			
2月	移植		
3月	移植		
4月	施肥		缠金属丝·拆金属丝
5月	施肥		缠金属丝·拆金属丝
6月	施肥	扦插	
7月	施肥	扦插	
8月	施肥		
9月	施肥		
10月	施肥		
11月			
12月			

※适宜情况下修剪（一年内）

中文名	捆石龙
别　名	爬山虎、地锦
日文名	**ツタ（リュウジンヅタ）**
学　名	*Parthenocissus tricuspidata* cv.
分　类	葡萄科　地锦属
树　形	模样木

日常管理小窍门

放置场所
虽然在背阴处也可以生长得很好，但是一定程度的日照会使其比较容易长成簇拥的形状。夏天放置在通风的半背阴处，冬天则放置在屋檐下等。

浇水
夏天要注意土壤干裂，但是也不要浇太多水。如果放置在半背阴处，一天浇一次水。

施肥
叶色浓郁是需要施肥的征兆。但是一次性施肥过量反而会使肥料作用大打折扣，因此应循环施肥，不断施以少量的肥料。

移植
由于根部生长旺盛，因此一年要移植一次。通过移植也可以使其在夏天时保水功能得到改善。

病虫害
除了新芽时的蚜虫之外基本没有病虫害。应注意发芽之前的蚜虫预防。

培育—移植

园艺店往往会销售种在塑料瓶或素烧花盆中的1~2年的幼苗。移植该树苗的顺序哪怕是从第2年开始也是一样的。最佳时期是初春，但叶片长出来之后也是可以的。

如果移植后温度马上上升，则会伤害到树木。因此应躲开强烈的日照，放置在背阴或半背阴且通风良好的地方进行管理。

将素烧花盆里的树移植到一个合适的花盆里。

仅仅是换盆及调整角度，其平衡性已经变得相当不错。

1 此为解开土球的状态。有叶片的时候则不剪粗根，只把细根剪掉。

2 一边调整植株的角度，一边将盆景用土放入盆中。

3 在盆景用土表面铺上水苔以达到保水的目的。铺上水苔之后显得更美观了。

提高—制作范例

树高 13cm ▶

制作范例—1 经过一段岁月之后树干变得粗壮，枝杈也完成了格外出色的打造，为不可多见的佳品。若想成为这样的作品，对于寒树（冬天的姿态）来说亦有一份压迫力，因此十分值得一看。

盆景小知识

经过时间的推移，水苔也会自然生成。但是从其他花盆那儿剪取并覆盖的话，会形成一种相对自然的氛围。覆盖性水苔在市面上也有销售

红葛

红葛是爬山虎（又名地锦）的基本品种。在爬山虎中，常绿性藤蔓植物菱叶常春藤被称为日本常春藤，落叶性藤蔓植物爬山虎则被称为红葛。红葛因秋天那美丽的红叶而广为人知。

作为盆景，由于藤蔓容易折断，因此在造型时需要稍微熟练的技巧。建议一边欣赏红叶，一边抑制有扩张趋势的藤蔓，试着慢慢地去了解藤蔓的特性。若在6月将所有红叶剪至叶柄中央，那么到了秋天将会长出美丽的红叶。

由于藤蔓上会生出气根，因此，可以通过扦插进行繁殖。通过秋天黑紫色的果实去进行实生也是可以的。

在享受繁殖的同时，可以渐渐体会到藤蔓的特性。也许在某一天便能掌握这门技巧吧。

◀树高 12cm

中文名	红葛
别　名	爬山虎、地锦
日文名	ツタ
学　名	*Parthenocissus tricuspidata*
分　类	葡萄科 地锦属
树　形	模样木、双干、悬崖、附石

栽培日历

	1月	2月	3月	4月	5月	6月	7月	8月	9月	10月	11月	12月
移植			■									
修剪			■	■	■					■	■	
扦插			■									
施肥				■	■	■			■	■	■	

日常管理小窍门

放置场所 喜欢阴凉至半阴凉的环境，但藤蔓有生长过度的倾向。因为叶薄耐晒，因此也可以放在向阳处进行管理。

浇水 其拥有缺水后的恢复能力，但最好不要让它出现干涸。放在向阳处时要多浇水。

施肥 如果增加施肥量，那么就会增强抗日照与抗干旱的能力。因此，放置在向阳处进行培育时，要增加施肥量，以便让树干积蓄力量。

移植 根部生长很快，小花盆容易使根部成团。由于藤蔓也会抑制根部，因此一年移植一次比较好。

病虫害 除了新芽时期的蚜虫之外没有其他病虫害。注意要尽早进行预防与驱除。

培育—换盆

在园艺店购买的已扦插一年有余的幼苗。换盆的工序和移植基本相同，但树形不变，轻轻地整理根部即可。

由于移植的最佳时期叶片会掉落，因此可以想象叶片长出来之后的姿态，可以说是想象出最美时期景观的『想象训练』。

此为园艺店中种植在稍大的培育花盆中的幼苗。若想象叶片长出来之后的样子，会发现花盆的颜色和形状与树木不太相称。

在不改变树形的前提下，调整角度，并整理根系，移植至口径较小且盆身高的花盆中。没有叶片的时候反而有种稳定度较差的印象。

6个月后

观赏红叶的季节。由于第二年叶片变得更加繁茂，为了不让上方部分变得过大而进行剪叶，以保持自然的感觉。

1 轻轻抖落从花盆中拔出来的根部的泥土，并根据新花盆大小，对根部进行修剪。

2 想象有叶片时的姿态，考虑角度之后进行移植。用金属丝牢牢地固定根部。

紫薇

因夏日花朵长时间绽放而得名『紫薇』，原产于我国中部和南部地区。传入日本后，因其树干扭曲、光滑，被称为『猿滑』，比喻猿猴也难爬上去。

其花朵非常美丽，因而常被作为观花植物。但作为杂木而言，魅力不减，亦是具备了很多值得观赏的地方。

由于紫薇生长迅速，容易打造枝杈，因此可以享受到各种各样的枝杈造型。叶面有光泽，美丽的树纹肌理也使寒树的美表现出来。可以说是一年四季均令人赏心悦目的树木品种。

另外，扦插的成活率也十分惊人，繁殖十分容易。因为原本属于南方树木品种，因此要注意初夏至初秋时的养护。

栽培日历

作业	1月	2月	3月	4月	5月	6月	7月	8月	9月	10月	11月	12月
移植			■	■								
扦插							■	■				
摘芽·剪芽·修剪					■	■	■	■	■			
缠金属丝					■	■	■	■	■			
施肥					■	■	■	■	■	■		

※适宜情况下拆下金属丝

◀树高 7cm

中文名	紫薇
别　名	百日红、痒痒花
日文名	**サルスベリ**
学　名	*Lagerstroemia indica*
分　类	千屈菜科 紫薇属
树　形	模样木

日常管理小窍门

放置场所

喜欢向阳、通风好的地方。为了不在冬天的时候挂霜，应在无加温的室内进行管理。

浇水

从春天开始就容易缺水，如果在这个时候出现缺水的情况，就会难以开花。春天到秋天之间要多浇水。

施肥

喜多肥环境。在4~10月的生长期间，每月施加一次放置肥。富含磷、氮的肥料可以使花开得更好。

移植

因为生长快，因此小树阶段时一年移植一次，稳定之后两年移植一次。该植物不耐寒，因此应该在初夏进行移植。

病虫害

新芽时期有害虫及白粉病的灾害，也会出现蚜虫二次灾害的煤污病。春天到秋天期间要进行每月一次的预防处理。

培育—切芽

紫薇可以说是通过切芽去塑造树形的树木品种。不是单纯指把冒出来的芽切掉，而是通过频繁的修剪使叶片变小，并减少其数量，促使分枝形成，从而打造出细致的别样风情。

从春天最初的切芽开始，每隔一个月进行一次。随着气温的上升，枝杈开始迅速生长。枝杈前端的叶片迅速变大，这时需要每两周复原一次。

具体来说，只留下想作为轮廓的枝杈，也就是被称为『稚儿叶』的托叶。稚儿叶是自然掉落的叶片，但是如果剪掉其上方的叶片，稚儿叶就不会掉落，并变成坚硬的叶片。

不久之后就会从稚儿叶处长出新芽，并分枝生长。确认分枝后，要把稚儿叶剪掉。如果保留稚儿叶，叶片就会过于集中，导致难以长出新芽。

AFTER
BEFORE

5 月剪去所有叶芽的状态。从扦插开始培育的第 6 年，通过每年的切芽增加了不少小枝杈。

剪切

将稚儿叶上方的叶片剪掉。

POINT

剪去稚儿叶上方的叶片后。当叶芽从稚儿叶处长出来，将变硬的稚儿叶剪去

切叶

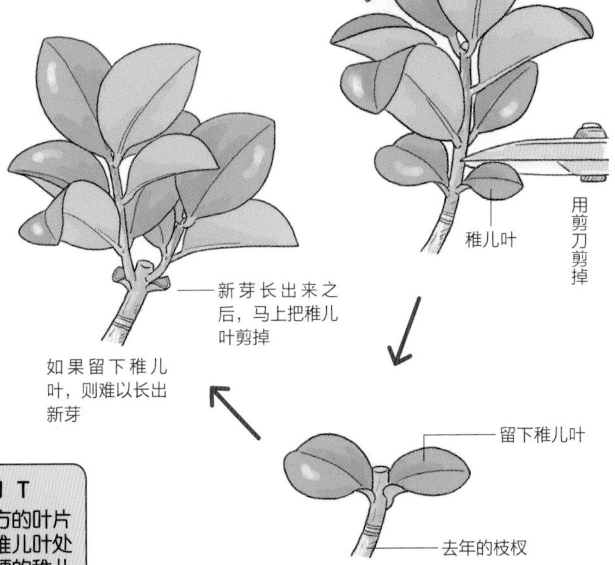
用剪刀剪掉
稚儿叶
新芽长出来之后，马上把稚儿叶剪掉
如果留下稚儿叶，则难以长出新芽
留下稚儿叶
去年的枝杈

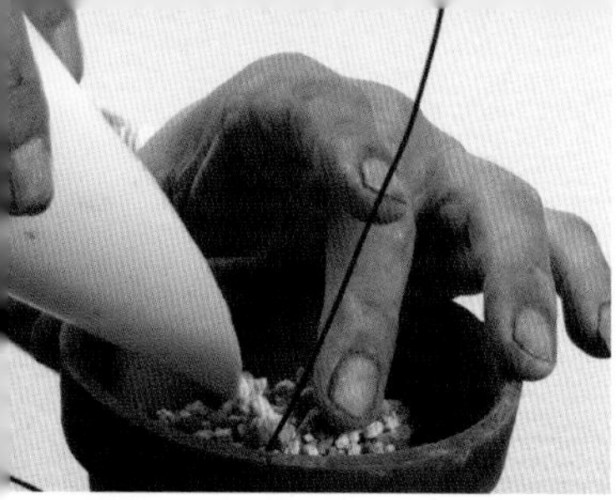

4 将金属丝固定在中间的同时，倒入盆景用土（赤玉土:鹿沼土 =2 : 1）。

5 在泥土上方把根张开并放置幼苗，用金属丝缠上之后固定。

6 从根部上方注入盆景用土。浇水之后结束扦插。

7 仅从上方浇水是不够的，如通过腰水进行管理，可以培育得很好。

POINT

通过腰水进行培育时，注意不要使水高于根部位置。虽然是在水中培育而成的根系，但如果在泥土中直接接触水的话，可能会出现根部腐烂

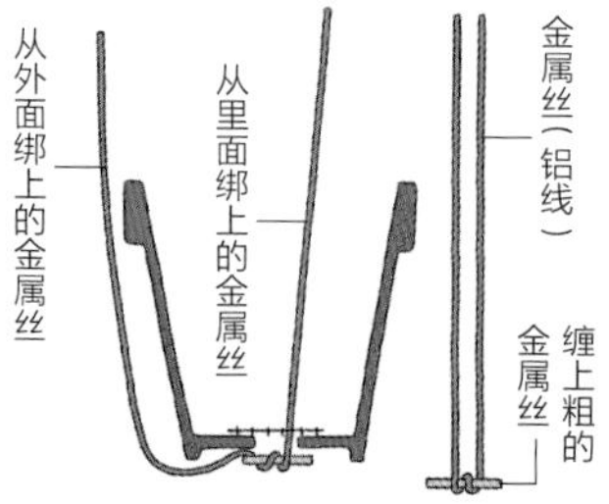

作为花盆的准备，从盆底的洞里穿过金属丝，预先使花盆内部与外部结合在一起。

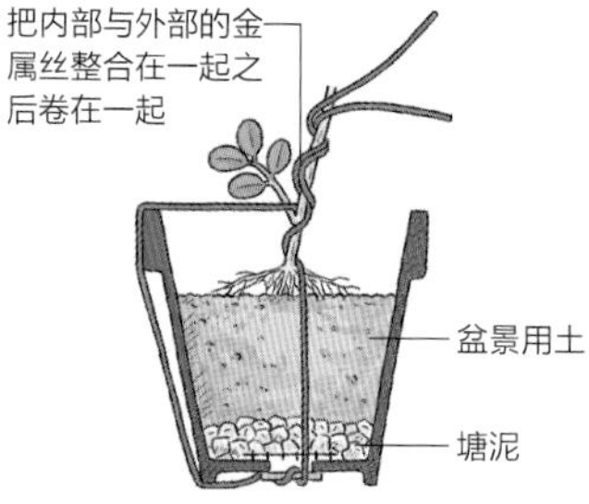

放置幼苗，并绑上两圈金属丝加以固定。

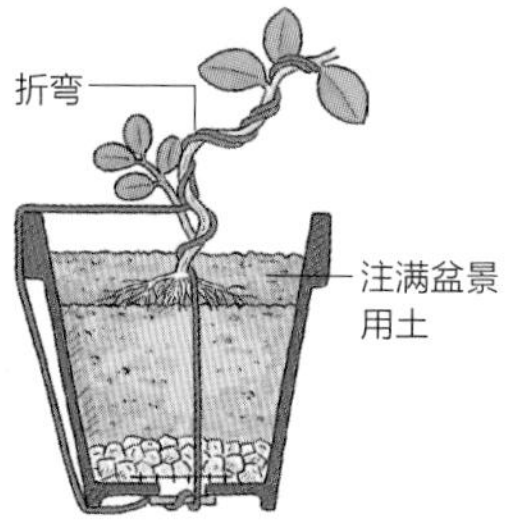

放入盆景用土，并在根株牢牢固定的状态下，制作成喜欢的弯度。

培育—水插

水插指的是让根在水里发芽之后再进行扦插的一种扦插法。不需要担心缺水，根部也会长得很整齐，是成功率很高的繁殖方法。

虽然这是一种即使随意把枝杈插进土里也能存活并繁殖的树木品种，但是作为盆景树苗进行培育的时候，如果根部长得好看，那接下来的管理将会变得轻松。另外，还有一个优点，就是在扦插的时候可以将柔软的枝杈打造成挺直的姿态。

在类似初夏及持续高温天气的时候，请用修剪后的枝杈进行尝试。

1 将剪下来的枝杈剪成适合的长度后放在盛满水的花盆里。

2 为了不让风把枝杈吹走，用水苔压住（根据场所决定是否需要）。如果水停滞不动，则会导致氧气不足，因此每天都应注满水，并定时换水。

3 大概一个月之后会长出放射性的芽，因此需要一棵棵单独扦插。

创作—修剪

修剪指的是把长得粗的枝杈剪掉。既有简单修剪的时候，也有如示例般的大刀阔斧修剪的时候。不管是哪一种情况，都需要花费时间进行培育，使树干变粗壮，并以提高树木格调为目的进行修剪。

BEFORE

1 扦插 9 年的树。因为树形变大了，因此需要使其变小。剪去粗枝杈的时候，为了切断树干，使用伐锯。

2 提前剪掉了枝叶，因此，暂时施肥，给予能量。即使发芽了也不要采摘，让根系和枝杈随意生长。

2个月后

3 当长到理想大小的时候就再修剪一次。大概把强壮的枝杈剪落，留下细枝杈并观察树形。

4 此为修剪得差不多的状态。从这时开始，修剪将会关系到树木今后的生长，要万分注意观察，并仔细进行操作。

POINT
为了增加分枝，给稚儿叶留有一颗芽的余地之后将其剪掉。留下柔弱的枝杈

AFTER

树高 7cm ▶

树高 12cm ▶

制作范例 — ①

将整体塑造成不等边三角形的悬崖式作品。夏天时隔 2 周，初春及秋天时则隔 3 周左右，把冒出来的芽剪掉，以保持轮廓。

制作范例 — ②

文人木格调的作品。在这样的作品中，为了不让枝杈过于粗壮，会尽早地把叶片剪掉。为了塑造枝杈的样子，会通过剪叶而积蓄力量，并注意不让花开放。

Column 开花要点

幼年期，紫薇的枝杈上有翼，摸上去会有凹凸不平的感觉。这时就像人类的幼儿期，是不会开花的。在抑制生长的同时并通过肥料给予能量的话，枝杈便会变得强壮，并迎来成年期。叶片变得厚实，颜色也变成了深绿色。同时翼会变得像绳子般后脱落，也不会出现冬天时枯萎的现象。

最初的时候，枝杈顶端的叶片处会长出花芽。当培育到这个阶段时，即便将枝杈顶端剪去，也必然会长出花芽。因此，为了不让花长在徒长的枝杈顶端处，剪去枝杈顶端，并在留下 2 ~ 3 节后勤于修剪，之后便可以观赏到平衡性极佳的花。

幼年期的枝杈

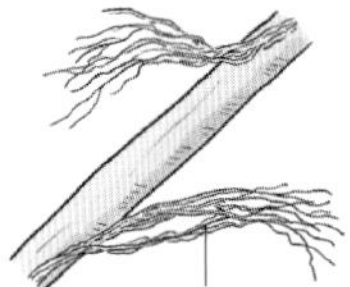
翼变得像绳子般后脱落

幼年期的枝杈

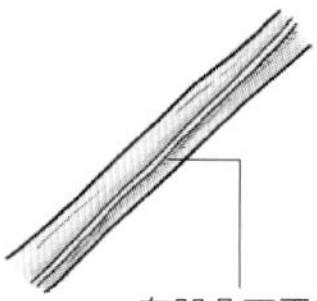
有凹凸不平的翼

在 2 ~ 3 节的地方剪去顶端，仍可以长出花芽并开花

观花盆景

HANAMONO-BONSAI

梅花、樱花、山茶、野蔷薇、屋久岛胡枝子、粗齿绣球、迷迭香、皋月杜鹃、长寿梅

梅花

原产自中国，是深受盆景爱好者喜爱的花木。

园艺品种繁多，主要分为野梅系（木质部的木髓为白色）、红梅系（木质部的木髓为红色）、丰后梅系（结果）三种，能制作成盆景的梅花品种几乎都是野梅系。

园艺品种中花色、叶色、开花方式、出枝方式等多种多样，因此遇到喜爱的树种，提前知晓其品种名称十分重要。

拥有一定年限的梅花盆景，其古木感浓郁的枝杈肌理和整体氛围魅力无穷，其花更是自不待言。

长久保持梅花应有的风情的关键在于修剪。花开之时叶片会飘落，因此开花后务必修剪枝杈，以避免徒长。

中文名	梅花
别　名	春梅、干枝梅、酸梅
日文名	**ウメ**
学　名	*Prunus mume(=Armeniaca mume)*
分　类	蔷薇科 杏属
树　形	模样木、斜干、蟠枝、文人木、半悬崖

栽培日历

1月 2月 3月 4月 5月 6月 7月 8月 9月 10月 11月 12月

修剪、移植、施肥、缠金属丝、剪叶、移植

※适宜情况下拆下金属丝

◀上下 20cm
左右 17cm

日常管理小窍门

放置场所
喜光照、通风处，但是放置在半阴凉处能更好开花。避免仲夏时阳光直射。

浇水
喜水树种，花盆表土干涸后，充分浇水，直至水从盆底流出。

施肥
施肥量不足，则枝杈变细、干枯，且不长花芽。3~10月每月施肥一次。

移植
幼树生长较快，故每年移植一次。成年后每两年移植一次。

病虫害
要特别注意病虫害。枝干处会出现如苹果透翅蛾、蚜虫、介壳虫、红蜘蛛等害虫，叶片会得白粉病、煤烟病、黑星病等。病虫害的预防十分重要。

培育—修剪

花苞繁多且开花期长的话，树木会明显出现乏力的现象，如枝杈干枯、生长不良等。花朵半开之后，除去花朵和花蕾并修剪枝杈，这是制作梅花盆景中十分重要的作业。特别是幼树，这项作业会在很大程度上左右之后的长势。

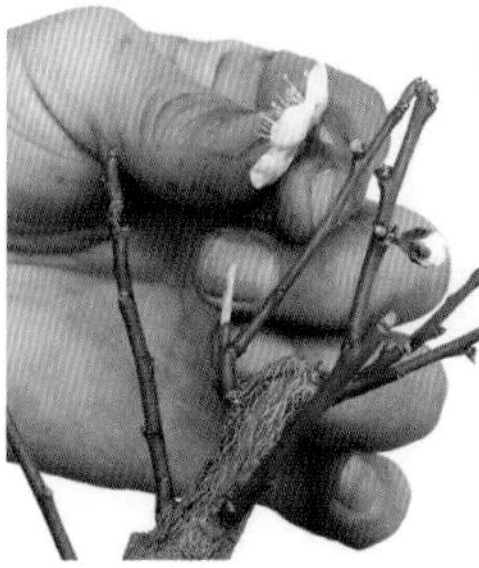

1 修剪之前务必剪
花朵和花蕾。

POINT
长花芽处不发叶芽，因此修剪前枝梢处长出的幼芽的话，枝梢处会发出叶芽，并出现徒长的现象

2 确认枝杈根部的细小叶芽，在叶芽稍上部位用剪刀修剪。修剪时剪刀与枝杈呈直角，切口较小。

培育—移植

修剪后，从切口处到节点的枝杈掉落，残留的枝杈生长。生长到一定程度，缠绕金属丝并整理枝杈形状后移植。在移植前一天，控制浇水量，便于整理根部。

培育梅花盆景时，不用太注意用土的选择。根据花盆大小和环境，采用可保持透水和保水平衡的土壤。移植后用稀释的液肥补给营养。发芽后根据其长势逐渐增加施肥量。

1 缠绕金属丝，整理枝杈。从花盆中拔出植物，抖落根部的土，粗略整理主根和侧根，使根部与花盆大小保持一致。在该阶段用旧剪刀剪根也可以。

2 准备花盆，进入整理根部的最终阶段。此时用锋利的修枝剪刀仔细修剪，剪痕恢复较快，生根也较好。

3 将塘泥倒入花盆，并把根株放入花盆后用金属丝牢牢固定，倒入盆景用土。

4 可以用筷子等将土填满根部间隙。用指头按压表土进行确认后，铺上水苔加以保养。

创作—摘芽调整

培植梅花盆景并不是说培育它开花即可，培育其开花所需的能量会对树木造成损耗，因此在幼树等弱小时期有必要剪掉花芽以进行调整。

塑造枝杈姿态的过程中，有时会长出花芽，阻止枝杈生长，因此要摘除花芽，引导枝杈向密集方向生长。力量感十足的树木才能显现花朵的美丽。抑制枝杈生长可增加花芽。

梅花花芽分化从7月前后开始，因此可在6月前后调整枝杈。平日多观察树木长势，必要时进行相应的调整。

增加叶芽的方法

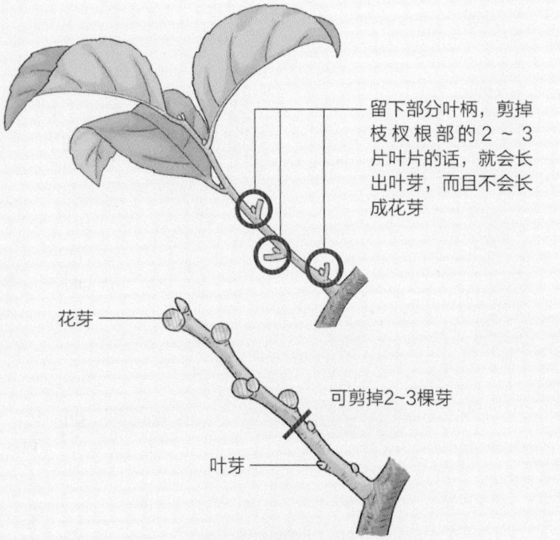

留下部分叶柄，剪掉枝杈根部的2～3片叶片的话，就会长出叶芽，而且不会长成花芽

可剪掉2~3棵芽

增加花芽的方法

方法❶

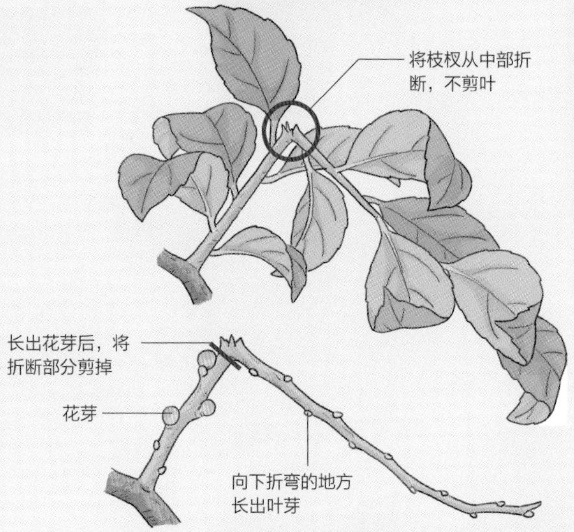

将枝杈从中部折断，不剪叶
长出花芽后，将折断部分剪掉

向下折弯的地方长出叶芽

方法❷

1 长势良好的幼枝若长到稳固结实的粗细程度后，用钳子捏碎茎

2 阻碍水和营养的通道，留下叶片，促使发出花芽

盆景小知识

大芽即花芽，为了防止长出花芽，掐掉大芽。剪短枝杈，留下枝杈根部的叶芽。若为移植前后的培养和养护期间，则用镊子等工具单独摘掉花芽

除去花芽（养护中的树木）

9月之后进行作业
对于有意增加力量的树木，即便长出花芽也要把它掐掉

创作 — 整枝

利用了前页所述的调整技术，进行旨在增加叶芽和花芽数量的整枝。春季新芽生长停止时进行整枝。作业时间可根据地域和环境提前或错后。

作业前整体观察树木，可以看出枝杈的长势各不相同。此时，上部枝杈生长旺盛，下部枝杈生长缓慢。单独调整生长力旺盛且富有力量感的枝杈。

1 找出叶片根部处有小芽的地方，留下部分叶柄后剪叶。目的在于增加叶芽。

茎被压坏的状态。留下的上侧部分是为了防止完全阻碍下部枝叶摄取太阳光的营养。营养极端不足时，会缺乏发出花芽的力量。

2 用钳子捏碎向上生长的茎，阻碍下部枝叶吸收光合作用的营养。

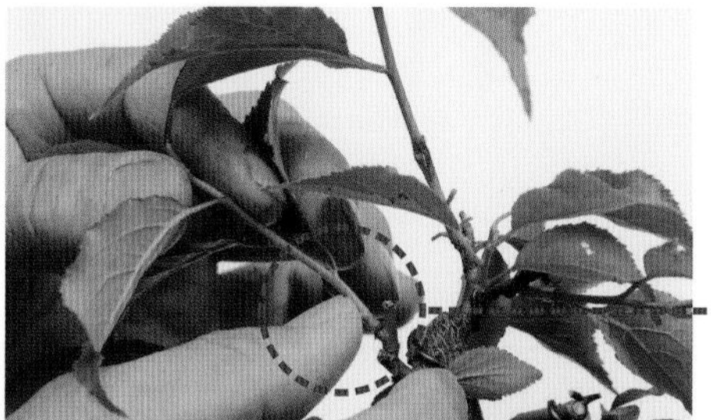

折弯茎之后的状态。不久，从折弯处到附根之间会长出花芽。掌握好力度和时期，就会开花，这真是太有趣了。

3 叶片数量少的枝杈，用手指向易折的方向折弯。注意不要过度弄伤枝杈。

樱花

樱花可以说是最受日本人喜爱的树种。作为季节的象征，每年的『樱前线』信息都备受瞩目。

每当提起樱花，人们首先想起的是日本樱花。然而国际上对樱花属进行细分，根据它的品种进行分类，学名亦各不相同。

作为盆景的樱花品种繁多，其中备受欢迎的是山樱花和吉野樱花。

但是无论什么品种，樱花的生长非常旺盛，且时常开花，因此需要细致入微的修剪。可以说它是一种可令人欣赏华贵姿态的树种吧。

樱花盆景的特色是枝干的古色之感。枝杈更新快，干枯掉落后又会长出新的枝杈，因此它的特性是难以确定其枝条。因此，倒不如根据枝杈扩展来制作树形。

中文名	樱花
日文名	**サクラ**
学　名	*Prunusserrulata*
分　类	蔷薇科 樱属
树　形	模样木、斜干、文人木

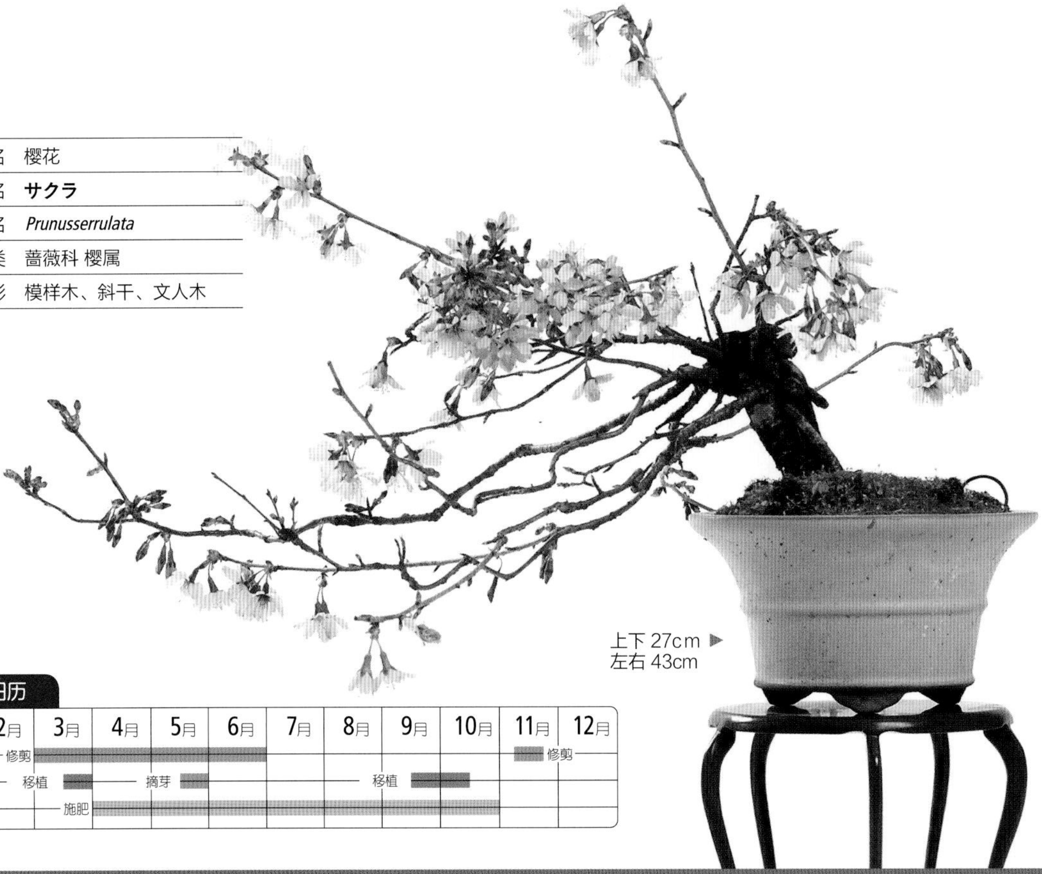

上下 27cm
左右 43cm

栽培日历

1月	2月	3月	4月	5月	6月	7月	8月	9月	10月	11月	12月
		修剪	修剪	修剪	修剪					修剪	
		移植		摘芽				移植	移植		
			施肥	施肥	施肥	施肥	施肥	施肥	施肥		

日常管理小窍门

放置场所

喜阳，但是也可置于半阴凉处。生长期放在向阳处，梅雨之后放到半阴凉处，这样便于管理。

浇水

根部生长较快，因此喜水。但是浇水过多会导致难以开花。在表土干涸之后充分浇水。

施肥

生长较快，根据它的长势保持不修剪，则坐花较多。以有机肥料为主加以调节。

移植

尽量每年移植一次，因为第二年根部会十分环绕。多施肥加以培育的话可尽早移植。

病虫害

蚜虫、小透翅蛾、介壳虫、红蜘蛛等。同时应注意由细菌引起的根头癌肿病。

培育—移植

整理好树形之后的树木，将来若不打算进行大的变更，则在移植时稍微整理根部，按照花盆的大小加以固定。

此时如果是已经坐花的状态，则在整枝、缠绕金属丝之后方可移植树木，但注意不要完全解开土球。

借此机会可以观察平时无法看到的花盆内部。在修剪根部之前仔细观察，提前了解树木的健康状态。

1 从花盆中拔出，轻轻解开土球。观察根部生长态势和有无生病迹象。

2 从外侧解开根部，剪掉生长过长的根。根据以后的培育方式整理根部。

3 放入花盆中并观察契合度。若判定为没有问题，则准备盆底网和金属丝。

4 放入粗颗粒的土后放入土球，并用金属丝牢牢固定。此时的固定关系着植物的生长，因此尽可能从 4 个方向牢牢按压。

5 枝干根部已生长了多年，因此选择施肥效果好的赤玉土。

6 用筷子等按压，防止在土球和土之间留有间隙。土表稍低于花盆边缘。

移植结束。铺上水苔等，注意防止干燥。

创作 — 缠绕金属丝

此为3月开始开花的寒绯樱系列的『丑女樱』。在整枝的同时缠绕金属丝。

首先观察树木整体，估测其『精彩处』，然后决定盆景的正面。大概预测枝杈的走向，粗略地剪掉多余的枝杈。细小部分绑上金属丝后再进行修剪，可防止修剪过度。

POINT
樱花树是折枝较为省事的树种，但需要注意，越接近枝梢，越要把握好折弯的力度

1 从下枝开始直至中间缠绕了金属丝的状态。折弯时要缓慢着手，越往梢部越细致折弯，趣味会愈发显著。

2 缠绕粗金属丝至枝杈中间后替换成细金属丝，然后缠绕至枝梢。用双手向自己身体方向缠绕，可清晰无误地看见枝梢，不伤树木。

3 用指腹慢慢按压，折弯缠绕了金属丝的枝杈。在日常修剪时养成确认枝杈容易弯曲的方向的习惯，折弯时便会事半功倍。

提高—制作范例

制作范例—❶

彼岸樱系列的“十月樱花”的模样木。花为复瓣，7～17 瓣。从发出花芽开始约开花 100 天。从春天到秋天，盛开的花不多，10 月无花的树形姿态更是十分显眼。

树高 12cm ▶

制作范例—❷

与上述例子相同的“十月樱花”的花芽向上生长的姿态。与红色相近的暗红色逐渐变浅。

◀树高 12cm

AFTER

二级枝和顶部形成斜边，支撑向左侧伸展较长的一级枝的走向，形成不等边三角形。达到勃勃生机的动态和沉稳感的平衡。

〈从正面看〉

形成有前屈之感的不等边三角形，给鉴赏者以扣人心弦之感。这是一种使人感受树木大小的表现手法。

〈从左侧面看〉

形成较大的不等边三角形或新月形。伸展的枝杈如包裹着观赏者一样。

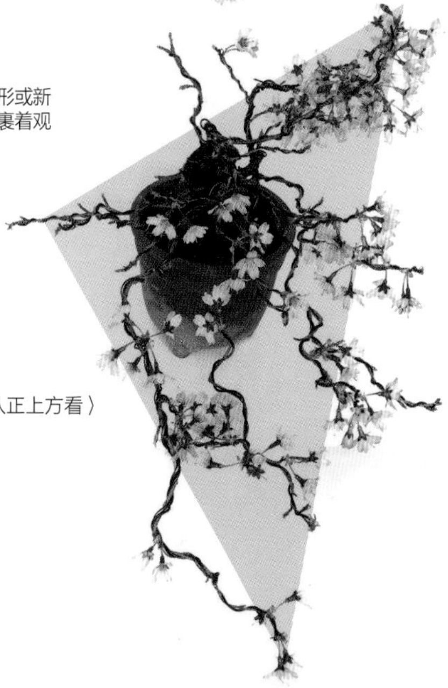

〈从正上方看〉

山茶

山茶广泛分布于中国、日本、越南等国家。

日本在江户时代将野山茶和白山茶嫁接，培育出了繁多的园艺品种，花型和花色多姿多彩。

庭院树木和盆景等品种也有很多。盆景中『肥后山茶』的历史悠久，可追溯到江户时代。同时，嫁接而来的花朵小巧的『侘助山茶』的文人木也很受欢迎。光润的常绿叶片、细密的枝干肌理十分美丽，整个树形展现出悠然自得的风姿。

原本是山间树木，耐性强，很少干枯。但作为盆景时，病虫害多。因此要多加注意，及早进行防治。

栽培日历

月份	作业
1月	
2月	
3月	施肥
4月	
5月	移植、整枝、施肥、缠金属丝
6月	扦插
7月	
8月	
9月	施肥、拆金属丝
10月	移植
11月	
12月	

上下 18cm ▼
左右 30cm

中文名	山茶
别　名	茶花
日文名	**ツバキ**
学　名	*Camellia japonica*
分　类	山茶科 山茶属
树　形	模样木、文人木、半悬崖

日常管理小窍门

放置场所
耐阴凉，喜阳，喜通风。但是夏天直射的阳光会烧焦叶面，因此应多加注意。冬季放置于室内进行管理。

浇水
生长期每天浇一次水，盛夏每天浇2~3次，冬天注意防止缺水。

施肥
多肥会造成营养过剩，伤及新根，因此应控制施肥。应于春季、初夏和秋季施少量缓释肥（有机肥料）或液肥。

移植
开花期为11月至翌年4月。8月发出花芽后，植物逐渐恢复力量，这时进行移植较好。

病虫害
多为茶毛虫，也有其他虫害。需要预防病毒病和菌核病等。定期喷洒杀菌杀虫剂，预防病虫害。

培育 — 实生苗整姿

山茶种子多发芽，因此从实生苗开始培育较为轻松。大概花费 3~5 年时间才会开花，有时会花费更久的时间。期待开花也是一件令人欣喜的事情。

根部立起时，边观察树木的长势，边进行整姿。这是盆景的魅力所在。

1
最好趁枝条纤细时移植实生苗。深挖，防止伤到细根。

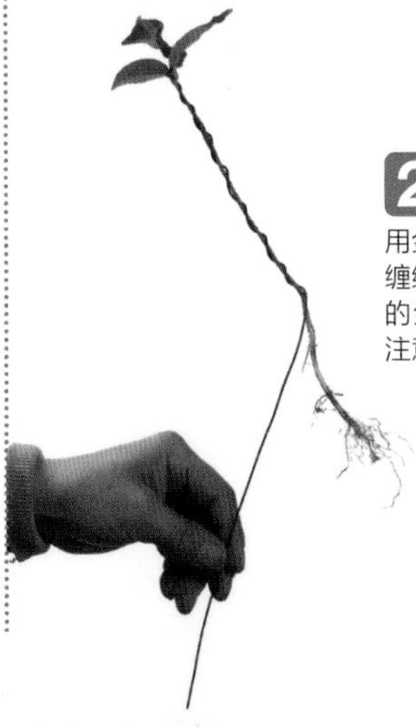

2
用金属丝把苗木的枝干缠绕起。下方保留较长的金属丝以用于固定。注意不要缠得太紧。

3
从素烧花盆的盆底网穿过缠绕苗木的金属丝，弯曲到花盆外侧，固定苗木。

4
从盆底穿过 2 根金属丝。

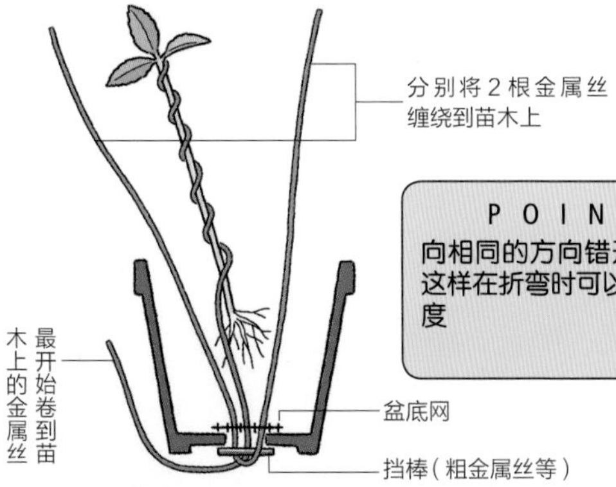

POINT
向相同的方向错开缠绕，这样在折弯时可以分散力度

5
用双手轻轻折弯。一定要慎重操作，以避免折损苗木。

POINT
用双手大拇指指腹按压想折弯的部分，同时用其他手指支撑，缓慢折弯

6
放入盆景用土（赤玉土：鹿沼土 =2：1）。注意不要伤到细根。

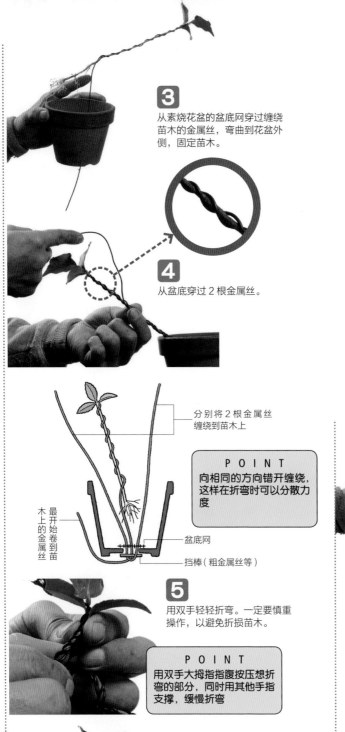

创作—修剪

幼木时期的整枝、修剪于6月前后进行。在决定盆景形状的阶段，需要进行大规模的修剪。

该作业在开花后和叶芽长出时进行。修剪后叶片摄取的营养大幅减少，因此可以在生长旺盛时期进行恢复。

1 从花盆拔出，仔细观察树干和根部的状态，构想今后的树形。

2 剪掉粗枝时，用锋利的剪刀从根部修剪。

3 为避免切口长结，平滑切削周边后用愈合剂（▶P29）加以保护。

4 即便修剪生长旺盛的芽，也会从枝杈根部发出新芽，因此要提前用锯子谨慎地锯断。

5 为避免枝杈切口长结，用刀平滑切削。

6 修剪不仅会改变树形，也可以使下部的弱芽接受光照。修剪后的枝杈上留1～2片叶片更利于今后生长。

创作—移植

将修剪后的树木移植到新的花盆中。此时开始设想数年后的树形，并加以整姿，树木格调会逐渐得到提高。

山茶移植一般会在此时，即开花后进行。同时也有个方法，即在7月上旬移植，增加花芽。这是一种在炎热季节增加负担的『虐栽培法』。

1 解开根部，去掉老根，选择合适的花盆，使根部与剪短了的上部枝杈保持良好的平衡。

POINT
在正式剪根之前贴合花盆。剪短后及早移植

2 贴合花盆之后，移入并观察平衡度。

3 正式剪根时，用锋利剪刀修剪。

4 剪掉粗根后，枝杈同样用刀从根部平滑地切削掉。

5 牢牢固定根部，放入盆景用土。这是陶瓷花盆，因此选择放入比例为2：1的赤玉土和鹿沼土。

6 用圆头筷子按压根部间隙的用土。注意不要伤到根部。

移植结束。铺上水苔后充分浇水。山茶宜放在光照充足和通风良好处进行管理。

野蔷薇

野蔷薇是丛花性野生蔷薇，是世界上蔷薇的丛花品种的杂交之祖。盆景中培植野蔷薇、光叶蔷薇、山椒蔷薇、屋久岛野蔷薇等与原品种接近的小型蔷薇，其开花期也略有不同。野蔷薇开花最早，屋久岛野蔷薇最晚开花。

野蔷薇的同品种果实为红色，十分美丽，但是为了结果，需要与不同系统的蔷薇花杂交，进行他花受粉。虽然花期会错开，但基本在两周左右的时间内相继开放，因此，将开花时间相同的蔷薇同时培植容易结果。

积极寻求结果时，在初春时修剪一次后可延迟开花。相反，向阳处放置时花期会提前，由此可调整开花时期。

栽培日历

月份	移植	修剪 / 切芽	施肥
1月			
2月	移植	修剪	
3月	移植	修剪	
4月		切芽	施肥
5月			施肥
6月			施肥
7月			施肥
8月			施肥
9月	移植	修剪	
10月			
11月			
12月			

树高 15cm ▶

中文名	野蔷薇
别　名	墙靡、刺花
日文名	**ノイバラ**
学　名	*Rosa multiflora*
分　类	蔷薇科 蔷薇属
树　形	模样木、斜干、株立、半悬崖

日常管理小窍门

放置场所

放在半阴凉处易生长。若想结果，则适宜放置在光照充足处，但消耗加大，应多加照料。

浇水

尽可能多地浇水。水充足时，徒长枝会飞速生长，因此需要进行修剪，整理徒长的枝杈。

施肥

从开花时起持续进行追肥。结果的关键在于开花前多施肥。

移植

幼树的根部易卷绕，生长一段时间后花盆会显小，因此应注意每年进行一次移植。

病虫害

与一般蔷薇科相同，病虫害较多，应注意根头癌肿病和黑星病。要定期进行防治。

创作 — 缠绕金属丝

给光叶蔷薇苗木缠上金属丝，并整理成为盆景的树形。该作业最好在春季树木生长旺盛的时期进行。

新芽冒出之前就缠上金属丝，则无法预测今后枝杈如何伸展。缠金属丝的适宜时期为绿芽开始伸展的时候。

1 观察整体形状，决定枝杈的走向。从枝杈的根部一根一根地缠绕金属丝。缠绕时，朝自己的方向卷曲，一边转动花盆，一边缠绕。

2 按照枝杈的粗细，来改变金属丝的粗细。将手指放在刺的正下方不会轻易扎手，但是枝梢处刺的间隔较小，因此需要注意。

此处用的品种为光叶蔷薇“雅”，开的不是白花，而是粉色花。

整个树缠绕上金属丝后的状态。这次的树木左侧的枝杈占比较大，因此根据树木原有的走向进行造型。

AFTER

缠上金属丝后不久，花芽向上长的状态。这时进行摘芽、修剪等日常性的工作。

BEFORE

在园艺店购买的非盆景苗木。枝梢处开始长出新芽。这个时期前后适于开始塑造树形。

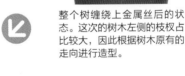

屋久岛胡枝子

屋久岛胡枝子属于胡枝子的一种，枝叶纤细，与基本品种相比，花为明亮的粉红色。

屋久岛胡枝子为矮生品种，叶片和花均很小。

盆景中也有绿叶胡枝子和小型的日本胡枝子，但对于小品盆景来说，矮生的屋久岛胡枝子更受欢迎。

性质与其他胡枝子基本无异，但是开花后修剪时需要保留1~2节，秋天可观赏第二次开花。

根部倾向于变得荒芜，放置2~3年后仅剩下粗根，这是所有胡枝子均有的特性。根部荒芜会导致树形杂乱，因此建议每年移植一次。

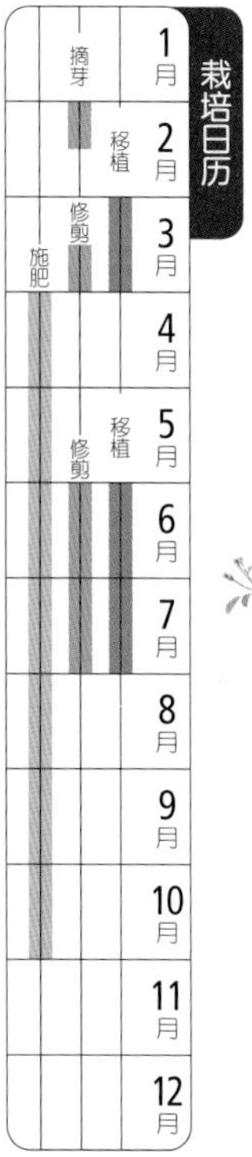

▲上下 26cm
左右 32cm

中文名	屋久岛胡枝子
日文名	**ベニクロバナキハギ**
学　名	*Lespedeza melanantha* f. *rosea*
分　类	豆科 胡枝子属
树　形	直干、斜干、模样木、悬崖

日常管理小窍门

放置场所

喜阳，喜通风处。虽然树木健壮，但是冬季放在无加温的室内进行管理，更为稳妥。

浇水

十分耐干，但是水分不足时花芽向上生长乏力。因此在培育的过程中要多浇水并保持透水。

施肥

肥料不足时，花芽停止生长，仅叶片繁茂，枝杈伸展。4~10月每月施一次肥，更易于过冬管理。

移植

最好每年移植一次。最长两年移植一次。若不整理根部，枝杈容易脱落，最终只剩下原来的枝杈。

病虫害

新芽易生蚜虫，因此应定期喷洒杀虫剂进行防除。

创作 | 花后整姿

初具树形后进行整姿。在刚开完花的9月，修剪枝杈和更换花盆后进行移植。有几根粗根从表土出露，因此要同时修剪树根。

若想枝杈第二年粗细不变，则按照下面的方法整理即可。若想制作造型，则趁枝杈纤细时缠绕金属丝。当粗枝较硬时，缠绕金属丝就会不起作用了。

1 用锋利的盆景用剪刀修剪细枝。在近枝杈根部处留下1～2节。

2 用剪刀剪掉粗枝，残留的部分用斜口剪等进行修剪。

3 枝杈修剪结束的状态。之后从花盆中拔出，进行移植。

4 修剪粗根时如果使用斜口剪，伤口就不会很大，可以早日愈合。

BEFORE

开花刚结束的状态。决定剪短枝叶，进行移植。考虑根部延伸的方向和空间，选择了图中所示的较深的圆形花盆。

AFTER

剪短粗枝和粗根，完成移植后的状态。枝杈根部留下1～2节细枝，则第二年生长成同样粗细的枝杈。

粗齿绣球

这是日本原产的聚伞花序绣球花原种。多为自然杂交品种，如今众所周知的种类均为『变种』。浓青色的虾夷绣球花和正红色的红萼均是绣球花变种群中的一种。

粗齿绣球富有细长山草的风情，做成盆景也备受欢迎。但是粗齿绣球的枝杈更新较快，因此很难按照设想塑造树形。

可以在每年初春发出新芽时进行整姿。

花芽发于9~10月，因此之后进行修剪则不会开花。在开花后剪掉强壮的枝条进行扦插繁殖。

中学名	粗齿绣球
别　名	泽八绣球、山绣球花
日文名	**ヤマアジサイ**
学　名	*Hydrangea serrata* var. *serrata*
分　类	虎耳草科 绣球属
树　形	株立

日常管理小窍门

放置场所
喜阴凉处和半阴凉处。特别是枝杈纤细的粗齿绣球，要放在阳光不直射且通风良好处培植。

浇水
喜湿，多浇水，以防干燥。高温季节注意防止闷热。

施肥
初春开始施肥，5~6月的开花期停止施肥，花色会更美。开花后和发花芽的秋季施缓释肥。

移植
长叶时期会消耗植株的力量，因此在早春发出新芽之前进行移植。每两年移植一次。

病虫害
早春常生蚜虫。长新芽时会生蚜虫、红蜘蛛，因此应特别注意预防虫害。

创作 | 开花后修剪

开花结束后剪掉花柄，剪短枝杈，仅保留强壮的枝杈。若任其生长，伸展开的枝头上会长出花芽，导致生长缓慢。

整体树形无法保持到第二年，但保留的枝杈会逐渐变粗。

BEFORE

AFTER

剪掉每个花茎的花柄。剪短枝杈，留下有意用作第二年花心的部分。作为花芽的滋养源，最好尽可能保留，直到叶片自然脱落。

创作 | 缠绕金属丝

1

春季从园艺店购买的盆景苗木。因为过了适宜移植的时期，因此缠绕金属丝后，将其整理成盆景应有的树形，为第二年塑造树形做准备。

2

从每个枝杈根部缠绕金属丝。细枝上缠两层，枝梢处用细金属丝缠绕。

POINT

轻轻地进行折弯，但防止折断。剪掉未长花芽处的新叶

3

暂时无法称之为盆景，但保持花芽走向和枝杈平衡。当年枝和叶片都会增加，可以欣赏到极具空间感的开花景象。

迷迭香

迷迭香是以香草遐迩闻名的地中海沿岸地区原产的常绿灌木。作为盆景苗木，塑造树形，数年后枝干变粗，形成出人意料的古木风格。如高山植物金露梅一样的枝干肌理干枯腐朽后，成为舍利。

在小花盆中进行培育时，其不耐高温、多湿的性质会充分显现。此外，全年均会发芽，伸展枝杈。除盛夏之外，花朵也会相继开放。因此，若不细心修剪，树形则会变得杂乱。迷迭香较为强壮，但是将其制作成盆景时，则较难进行培育。

耐寒、抗旱，但是夏季需要浇水以降低土温。使用透水性好的土壤，在通风好的凉爽处进行培育。容易嫁接，水插容易发根。

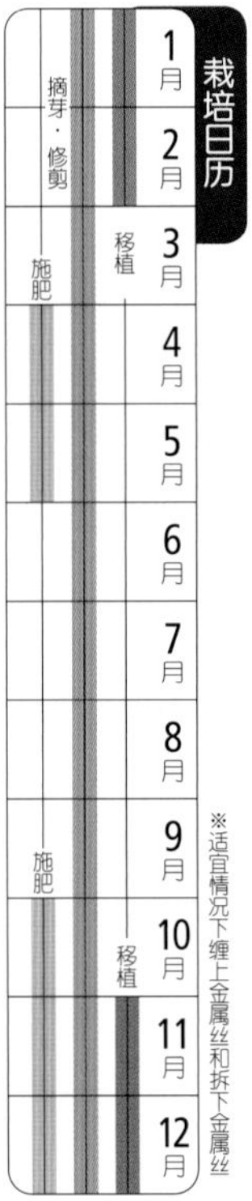

※适宜情况下缠上金属丝和拆下金属丝

树高 9.5cm ▶

中文名	迷迭香
别　名	海洋之露
日文名	**マンネンロウ**
学　名	Rosmarinus officinalis
分　类	唇形科 迷迭香属
树　形	模样木、风吹、株立

日常管理小窍门

放置场所

放置在不过度潮湿、通风良好的凉爽处培育。向阳、阴凉处均可，但是要防止闷热。

浇水

表土干燥时充分浇水，但是控制次数，偏干即可。盛夏时为降低土温，需要增加浇水次数，多在用土和花盆上下功夫吧！

施肥

不怎么需要施肥，因此要控制施肥量。春季和秋季每月施一次左右液肥。

移植

根部易打结，因此观察其状态后适当地进行移植。根部打结会引起根部腐烂，因此，每年冬季到早春移植一次较为妥当。

病虫害

健康的根株几乎不用操心，但是要注意，闷热和根部打结时会生虫。

1 设想各个枝杈弯曲的方向，开始缠绕金属丝。

2 纤细的枝梢处用钳子缠绕。

3 用金属丝缠绕横向舒展的枝杈，并用手指慢慢折弯。

4 用镊子轻轻拔掉生长过旺的绿苔，特别是附于枝干上的绿苔。

创作——缠绕金属丝

树形成形后，一部分枝干会成为舍利。10年左右，即可生长成极具古木之感的盆景，这是迷迭香盆景的魅力之一。

在枝杈伸展、杂乱无章的部分缠绕金属丝，透过枝杈间隙整理树姿。

放任不管的话，枝杈会笔直向上延伸，有失盆景模样；叶片过于繁茂，容易闷热，引起病虫害。

BEFORE

所有枝杈均向同一方向延伸。叶片相叠易闷热，且光照不均，枝杈无法均衡生长。

AFTER

整齐向上延伸的枝杈通风性变好，树形整齐。尽量在整姿后移植，同时整理根部。

皋月杜鹃

下图中被制作为盆景的是日本的皋月杜鹃，是杜鹃花的一种。皋月杜鹃是一种溪流植物，多生在河川和沿沼泽地的岩石多而裸露的地方，生命力强，但是在花盆中进行培育时十分困难。

日本昭和时代，鹿沼土得到普及。鹿沼土的特性非常适用于栽培皋月杜鹃，因此使得皋月杜鹃人气暴涨。皋月杜鹃的花色和花型各种各样，园艺品种繁多。

皋月杜鹃盆景不仅可以观花，也可以欣赏塑造的树形。皋月杜鹃枝干健壮，因此可以被制作成各种树形。

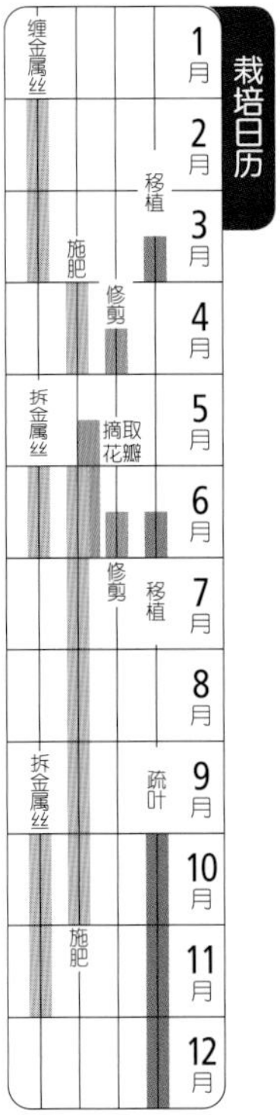

◀树高 18cm

中文名	皋月杜鹃
别　名	西鹃
日文名	**サツキ**
学　名	*rhododendron indicum*
分　类	杜鹃花科 杜鹃属
树　形	模样木、直干、悬崖、寄植、附石、露根

日常管理小窍门

放置场所

幼树在向阳处长势好。在维持树形阶段，仅上午放置在有光照的半阴凉处进行管理。

浇水

非常喜水，但是过湿会削弱长势，因此在透水性好且保湿的土壤中培育，注意防止缺水。

施肥

需要多施肥。开花时需要能量，因此，4月开花前施肥一次，开花后至10月期间，每月施缓释肥一次。肥料不足时枝杈会干枯。

移植

根部纤细，在地表附近伸展。使用浅盆时，根部易生长满盆，因此2~3年移植一次。

病虫害

为了防除蚜虫、红蜘蛛、网蝽，应定期喷洒杀虫剂。

培育 — 伤根处理

夏季缺水或水分不足会使皋月杜鹃根部受损。

因皋月杜鹃根部贴近地表伸展，根部受损会导致表层土变黑。受损变黑的土保水性好，继而导致过湿，加剧根部腐坏。若放任不理，则会从弱枝开始干枯，从而导致树形大乱。

此时，一般的移植方法无法改善这种状态。利用盆景清洗机等的高压水洗掉土，同时剪掉受损的根部，更换新土。注意防止根部之间残留旧土。

这不仅是根部受伤时应采用的措施，新买的皋月杜鹃也务必进行该作业。这小小的一步就能预防今后许多意想不到的麻烦，可以安心培育，尽情观赏。

BEFORE

AFTER

此为常年培育的名为“珍山”的品种。叶片极小的小品盆景极受欢迎。可以看见表土变黑、根部受损的状态。清洗根部，并更换所有用土，然后重新种植在花盆内。

根部

解开根部，抖落土并整理根部，用高压水洗掉受伤的根部的土。

从背面看，根部和枝杈繁密，具有很强的时代感。可用素烧花盆，这样有利于早日恢复其长势。不过，继续使用原花盆也能恢复，并无损其时代感。

整理受损根部

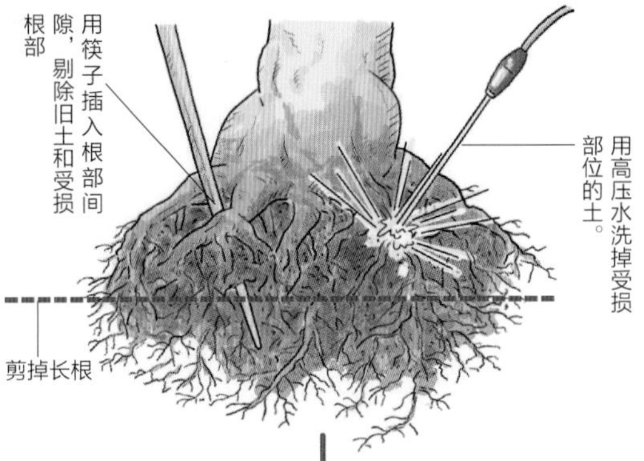
用筷子插入根部间隙，剔除旧土和受损根部
用高压水洗掉受损部位的土。
剪掉长根

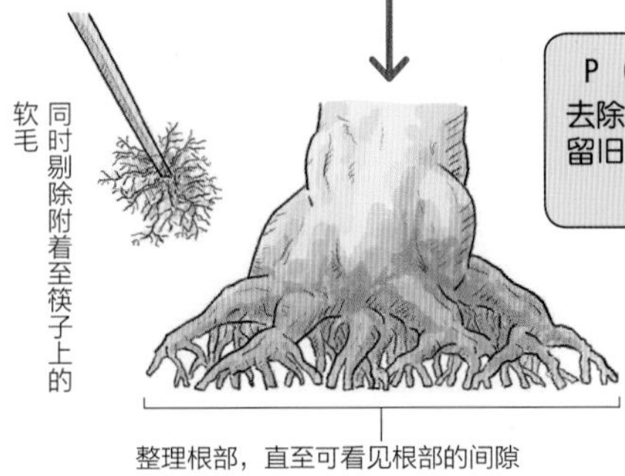
同时剔除附着至筷子上的软毛
整理根部，直至可看见根部的间隙

POINT
去除根部间隙残留旧土

创作—修剪

皋月杜鹃盆景根据优先赏花或优先赏树形的需要决定修剪时期。最理想的是多培育几盆，可以同时赏花、观树。

此处在开花后修剪，第二年观赏树形。若要优先赏树，则在开花前修剪。

若想维持现状

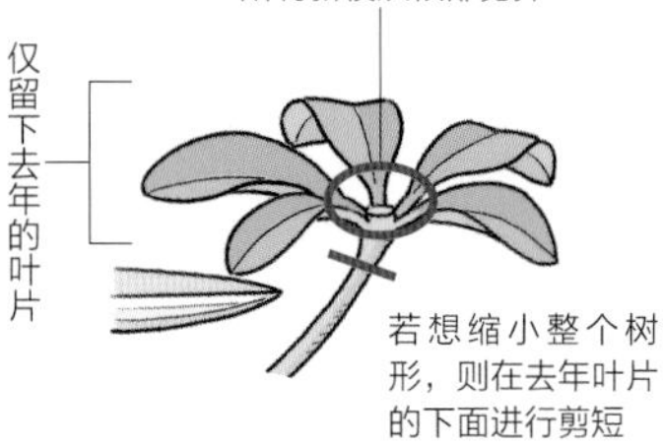
所有新枝从根部剪掉

若想整体得到扩大

1 花柄摘取全部结束，从冬叶的根部冒出今年的新芽。

2 剪掉有新芽的小枝后，第二年整体稍微变大，但是会保持基本的树形并开花。

3 下部枝杈已有基本架构，因此轻轻地剪掉枝条，以防过长。

提高—制作范例

制作范例—①

此为名为“明美之月”的小品盆景。具有安定感，剪枝十分精妙。中轮花，花有白色和紫红色，开放时姿态万千。可以说是适于赏花观树的品种。

长寿梅

长寿梅是日本木瓜的园艺品种。它不是草本植物，而是矮灌木，树低且枝杈横向攀爬。

四季特性明显，春季开花，秋季结果。

作为盆景，较易塑造树形。其魅力在于可以制作成大型盆景，也可以制作成小品盆景。枝干难以变粗，但经常长出细枝，枝干易显露古色感，因此风格飘逸。清晰分明的花色、嫩绿的新芽和古色的枝干相得益彰，绝妙至极。

叶片和花在生长期生长旺盛，稍微下些功夫即可。可以随心所欲地塑造自己想要的树形，乐趣多多。

栽培日历

1月	肥料			
2月				
3月				
4月	施肥	拆金属丝	摘芽・修剪	
5月	施肥	拆金属丝	摘芽・修剪	
6月		拆金属丝	摘芽・修剪	
7月			摘芽・修剪	
8月	施肥	缠金属丝	摘芽・修剪	移植
9月	施肥	缠金属丝	摘芽・修剪	移植
10月	施肥	缠金属丝	摘芽・修剪	移植
11月		缠金属丝	摘芽・修剪	
12月				

◀树高 7cm

中文名	长寿梅
别　名	日本木瓜、日本海棠
日文名	**クサボケ“チョウジュバイ**
学　名	*Chaenomeles japonica* 'Chojuba
分　类	蔷薇科 木瓜属
树　形	模样木、株立、悬崖 连根、寄植、附石

日常管理小窍门

放置场所

向阳处、阴凉处均可。如果可以频繁浇水，那么放置在向阳处进行管理会生长得更好。

浇水

喜水，但若过湿，根部会变得孱弱。尽量使用透水性好的花盆和土壤进行培育。

施肥

在可以频繁修剪时，每月施一次缓释肥。施肥过多较易长徒长枝，放任不管古枝会导致它的干枯，因此需要多加注意。

移植

在空间充裕的大花盆中培育，但是每年移植一次，这样更容易管理。

病虫害

整年发芽，因此，为了防止新芽长蚜虫，应定期喷洒杀虫剂。

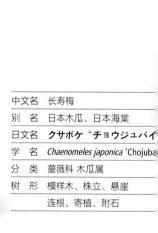

枝杈生长旺盛，一年四季均可缠绕金属丝。枝杈变粗或变老之后难以折弯，因此结合树形，在幼树期进行折弯，这样较为合适。

长寿梅从根部发出的枝条生长非常旺盛，若过度地任其生长，则会削弱上部枝干长出的枝杈，并失去平衡。尽早缠绕金属丝并定好方向，这样较为妥当。

缠绕金属丝时，应注意力度，避免金属丝勒入树木肌理，从而造成损伤。幼枝生长较快，因此枝杈会比预期更加粗壮。枝杈不同，生长也不同，平日应多注意观察。在金属丝陷入树木肌理之前拆掉金属丝，缠上新的金属丝，如此反复。

1 8 年生插条。从下枝开始缠绕更容易塑造整体形状。

2 若想进行伏枝，则从枝上部开始缠绕；若想抬举，则从枝下部开始缠绕，这样更容易折弯。

3 朝向自己向上折弯，一定要用双手进行折弯。

4 缠绕金属丝的手指切忌用力过度，用指尖即可轻松地进行卷绕。

BEFORE

AFTER

在所有枝杈上缠上金属丝，呈放射状伸展。

创作—整姿

在缠绕金属丝之前先进行构想，在缠绕完成后会更容易地制作出构想的树形。从正面仔细观察，把握枝杈的线条。从下面的枝杈开始折弯，更容易决定下一个枝杈的走向。

目标为不等边三角形。如今枝叶稀少，形状不太明显。但随着生长，会逐渐接近理想的树形。

缠绕金属丝后仔细观察，折弯各个枝杈，整理树姿。

制作成株立式

在存在立起倾向的枝杈上缠绕金属丝，然后进行按压。

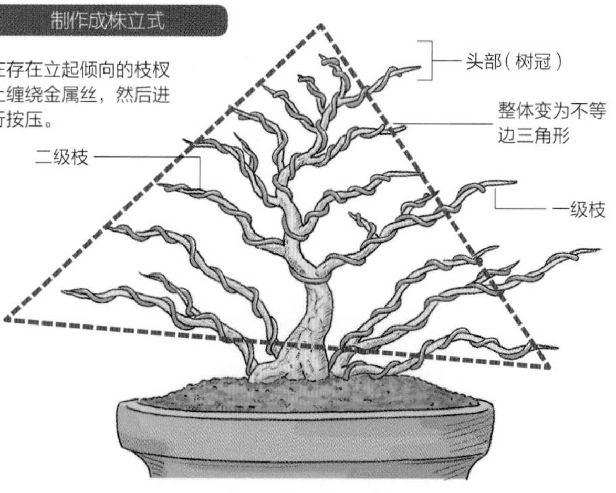

创作—修剪

缠绕金属丝后可以大概看出轮廓，修剪从轮廓中冒出的枝梢。修剪已缠绕金属丝的部分时，务必在去掉金属丝之后再进行剪枝。注意不要用修枝剪剪金属丝。金属丝可用钳子等工具处理。

1 用钳子拆掉金属丝后剪枝。若用修枝剪剪金属丝，剪刀会变钝。

2 根据轮廓形状对整体进行修剪，对枝杈进行分配、整理。

3 不移植时可以施缓释肥。若移植，要等 1 个月之后再开始施肥。

制作范例—①

此为运用长寿梅的特点制作的株立式盆景。株立式盆景的特征是根部枝干粗壮，从结块部分向各个方向伸展枝杈。这些枝杈呈放射状分布，显得落落大方、庄严肃穆。

树高 14cm ▶

◀树高 11cm

制作范例—②

此为平衡度良好的长寿梅单干露根盆栽。培育 1 根粗干，充分利用树根的姿态，塑造出轻盈且生气勃勃的树形。

◀上下 9cm

制作范例—③

长寿梅的树根根部一般都很粗，因此整个树木整理为放射状，然后放入石头。在黑色岩石映衬下，描绘了一幅长寿梅扎根悬崖处的风景。

◀树高 16cm

制作范例—④

最底下的树根变粗，从此处又长出的根成为枝干。株立性的树种的根部变化十分有趣，图中为充分运用该特性的上乘品。

观果盆景

MIMONO-BONSAI

老鸦柿、胡颓子、真弓、石榴、垂丝卫矛、南蛇藤、金银花、南五味子、落霜红、西府海棠、卫矛、窄叶火棘、山橘

老鸦柿

原产自中国的柿子，因其果实成熟后似花萼状而得名。果实小，种植在花盆中会结出很多果实。

老鸦柿寓意着事事如意，而且其树形与秋日风情相得益彰，因此，在盆景界大受欢迎。

老鸦柿果实的颜色、形状及大小有很大差异，因此采用实生的方法进行培植应该是十分有情趣的事情吧。近年来，日本还出现了『都红』和『美山红』等品种。

因雌雄异株，为了让它开花结果，需要与雄株一起栽培。前文中的『都红』为自花结果，即一棵雌株就可以结果。然而为了增加结果概率，最好与雄株一起种植。

此外，也有树高2~3m的较矮小的品种，但它仿佛攀爬一般地扩展枝叶，并且枝干带刺，因此不推荐您培植这种品种的盆景。

中文名	老鸦柿
别　名	丁香柿、苦梨
日文名	**ツクバネガキ**
学　名	*Diospyros rhombifolia*
分　类	柿科 柿属
树　形	模样木、斜干、文人树、悬崖、半悬崖、连根

◀树高 18cm

栽培日历

作业	1月	2月	3月	4月	5月	6月	7月	8月	9月	10月	11月	12月
摘芽				■	■							
移植							■	■	■			
切叶				■	■							
修剪											■	
缠金属丝							■	■		■	■	
施肥				■		■	■	■	■	■		

※适宜情况下拆下金属丝

日常管理小窍门

放置场所

放置在向阳处或阴凉处均可。阳光照射过多会造成枝间过疏，因此要缩短日照时间。夏季放置于阴凉处，冬季放置于常温的室内加以管理。

浇水

表土缺水的话，那么就需要充分浇水。夏季缺水会造成果实未成熟就掉落，因此请多加注意。梅雨季节放在屋檐下等地方进行管理。

施肥

如果多施肥，就会多开花，多结果。仲夏时节用稀释了的液肥代替浇水，9月开始至晚秋时节，每隔一个月施一次肥。

移植

一般情况下春季比较适宜移植，但是梅雨季节过后进行移植的话，它处于生长期内，生长能力很强，较易恢复，果实也会长出艳丽无比的颜色。

病虫害

该树种对病虫害的抵抗能力很强，但有时会生蚜虫、介壳虫。

创作 — 缠绕金属丝

老鸦柿是一种即便在已经结果的状态下也会耐修剪和移植的树种。当然，若春天进行修剪和移植，那么它的生长态势会减慢，因此建议7~8月进行修剪和移植。

缠绕金属丝，整理树形。老鸦柿的枝杈坚硬，因此尽量趁着枝杈细小时进行塑形，这样也便于今后的管理。

将素烧盆等器具当作底座

1 去掉架柱，寻找适合枝杈的走向。

2 剪掉上部的杂乱枝叶，根据事先设想的样子放入盆内。

将隐藏的金属丝从下往上进行缠绕

3 将多余的枝杈修剪后缠上金属丝。新梢会垂直向上生长，因此应向下缠绕金属丝。

4 粗枝会变得十分坚硬，因此请缠上 2~3 层金属丝，慢慢地纠正树形。

BEFORE

此为购买的已经结果的盆苗。去掉园艺支架后，可以看到枝杈的自然生长方向。

AFTER

缠上金属丝的样子。图中所示的是临时放入花盆内的移植状态。

创作—移植

即便已经结果，也可以移植，这可以说是老鸦柿的独有特性吧。这不仅不会导致落果，而且对它的生长有益，秋天时更会呈现美丽的颜色。

移植之后，在管理盆景时，通过用稀释了的液肥代替浇水，同时避免阳光直射。

1 从花盆中拔出，抖落土之后解开根部。长根是根系蔓延树种所特有的器官。

2 剪掉长根，剪成与花盆大小适应的长度。

3 在花盆内加入沙土和基肥，铺上一层薄土后放入植株。它会自动向右倾斜，因此要用金属丝牢牢地进行固定。

4 在根部上侧撒上基土，用圆头筷子将土按压进根部的间隙处。

5 铺上水苔以防止干燥。浇透水，直至水从花盆底部流出。避免阳光直射。一个月后开始施缓释肥。

制作范例—1

此为强健根部立起，向左侧伸出几根纤细枝杈的风吹式盆景。花盆的蓝色色调使柿子的颜色更引人注目，如秋日晚霞般尽显雅致情趣。

上下 17cm ▶
左右 33cm

制作范例—2

果实为鲜红色的“都红”。根部直立且露出的露根盆景，非常稳定，且平衡度极佳。与上州胜山花盆的颜色很搭配，雅趣十足。露出地面的根部最初为黑色，长久培植之后会变为树干的颜色。

◀树高 17cm

制作范例—3

盘绕交错的根部紧抓地面，顽强地支撑着大胆弯曲的树干，不禁令人联想起深山严苛的生存环境。同时，造型犹如绝壁悬崖，亦能品味其轻盈之感。

上下 18cm ▶
左右 30cm

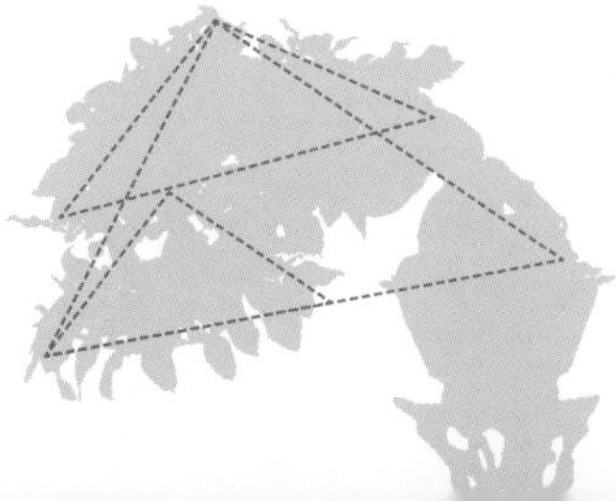

在大的不等边三角形中搭配小三角形，以稳定树形，获得良好的平衡感。

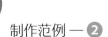

胡颓子

这是在园艺界备受欢迎的常绿灌木，在盆景界称为胡颓子。花盆培育时，果实从一月便会开始显示出颜色，并可观赏至春天。

它是一株就可以结果的自花结果型植物，不过如有其他植株体，则更容易结果。

原本是生长在气候温和地区的树木，但是在气候寒冷的地方也可以非常强健地生存下去。在结果时期，即便剪掉常绿的叶片，营造落叶树木的别致景色，也会在短时间内发出新芽。

在塑造树形时，由于会进行剪叶，因此难以坐果。但是停止剪叶，就会长出微香的花朵，然后结果。塑造树形之后按步骤执行的话，便可以欣赏到格调高雅的胡颓子盆景。

◀树高 19cm

中文名	胡颓子
别　名	蒲颓子、半含春
日文名	**ナワシログミ**
学　名	*Elaeagnus pungens*
分　类	胡颓子科 胡颓子属
树　形	模样木、斜干、株立、半悬崖

栽培日历

1月	2月	3月	4月	5月	6月	7月	8月	9月	10月	11月	12月
	移植	■	■				移植	■			
		摘芽	■	■							
			施肥	■	■		施肥	■	■	■	

※适宜情况下进行切叶和剪叶

日常管理小窍门

放置场所
放置在阳光充足的地方培植会容易结果。夏季避免阳光直射，冬季放置在不结霜的室内进行管理。

浇水
喜水，土壤干透后，要充分地进行浇水。夏季增加浇水次数。

施肥
结果后追施肥料，无须多次追肥，因此根据树的长势决定追肥程度。从开花到结果，这段时间要停止施肥。

移植
春分或秋分前后移植。它的主根会盘绕，因此最好是每年移植一次，通过移植来剪短主根。

病虫害
长出新芽时要预防蚜虫。因为经常发生鸟叼走果实的情况，因此结果后可以使用防鸟网等来进行预防。

培育—移植

胡颓子生长旺盛，枝干和根部很快就会变粗，并缠绕在一起，因此，要及时用心地进行移植。如果通过移植使其获得重生，就能欣赏到它独有的雅趣。

胡颓子很强健，可以彻底剪短它的枝干和根部。最好在移植之前剪掉所有的叶片，仅留下新叶。特别是徒长枝不开花、不结果，因此，借此机会进行修整吧。

叶片生长迅速，新绿很快会长齐。但如果反复剪叶，叶片会变得小而密，平衡度也会变好。

1

去除小素烧盆的盆底，放在大型花盆中进行“双层花盆培育”，以便在整姿和移植前积蓄力量。由此可以避免根系缠绕在一起。

2

从花盆中拔起，抖落土之后解开根部。随后，一边用水清洗根部，一边按照花盆的大小进行剪短。

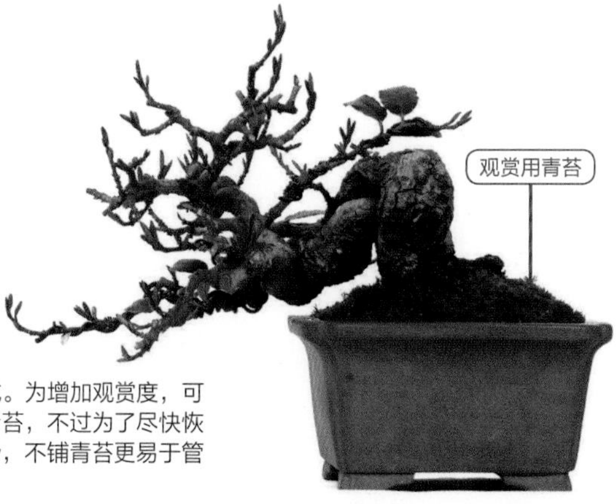

3

移植完成。为增加观赏度，可以铺上青苔，不过为了尽快恢复其长势，不铺青苔更易于管理。

盆景小知识

胡颓子的特征之一是细长伸展的枝上不长花芽。因此，作为盆景时，为了欣赏花和果实，则有必要抑制徒长，将枝干培育为短粗状。
要时常进行修剪，然后一定要留下树梢的新芽，这样就会出现越来越多的长有花芽的枝杈

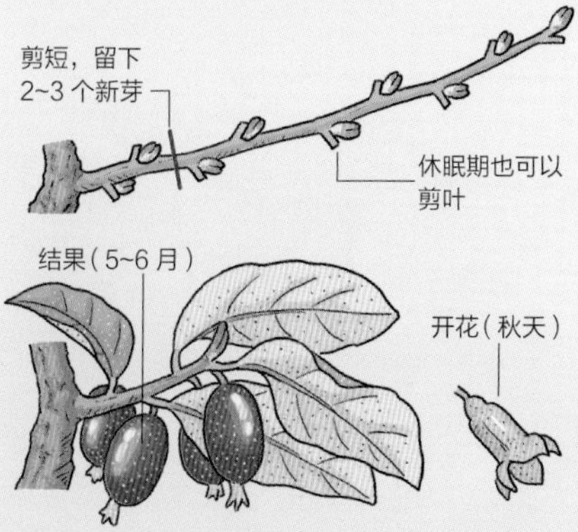

创作—整姿

在移植之前剪短枝干，缠上金属丝后整姿。

设计为半悬崖状，如果形成从根部向下拉直其主干的形状的话，营养会难以输送到枝干。采用『双层花盆培育』的方法之后，会大幅增加植物的元气，从而枝繁叶茂。

增加树木的元气和气势，并通过下述内容反复抑制其长势，使树木生机勃勃地长存下去，可以说这正是盆景的精髓。

1 剪掉宽大的叶片和向上长粗的枝干。

2 剪掉的部分。提前设想好树形，作业会更加顺畅。

3 用金属丝缠绕下方伸展的枝杈，略向上抬起，使其恢复生长。

BEFORE

有力量感，枝干向上生长，叶片繁茂。整理树形，使上下平衡。

AFTER

整姿完成。整理叶片的大小和数量，抬起下部的枝杈，变为可均匀获得阳光照射的树形。

盆景小知识

胡颓子的果实味道酸甜可口，令人怀恋。食用完果肉，清洗后直接进行播种，则可以长出实生果苗

◀树高 20cm

制作范例—❶

此为整齐的不等边三角形树形，同时带有绕大弯的立根，有出其不意之感。树干的模样趣味十足，是不可多得的佳品。配套的花盆使夏季树叶的颜色更加鲜亮。

◀上下 7cm
左右 10cm

制作范例—❷

此为可用手指捏住的小品盆景。树形为半悬崖式，立根极具古木感，伸展的树梢上结有硕大的果实，具有趣味性和不可思议的愉悦感。

制作范例—❸

根部以惊人的力量稳稳扎入土中的悬崖式盆景，兼具时代感和古木感，完美无瑕。枝干肌理光滑，十分整齐，与树叶、果实取得了良好的协调感。花盆与树木相互呼应，尽显华丽。彩绘上的色调与盆景十分搭配，突显了果实的红。

▼上下 16cm
左右 20cm

真弓

这是生长在日本全国，并且在日常生活中备受日本人喜爱的树木。材质坚硬，树如其名，是用于制作弓箭、图章的材料。

犹如纸折成的可爱的果皮包裹着压弯枝头的红色果实，给晚秋时节增添一抹如花般靓丽的颜色。

在盆景中，真弓是以赏果为目的的。果皮一般为淡红色，也有白色和深红色的果实，显现出绝妙的韵味。

但是，结果的枝杈会干枯、掉落，这一特性使得枝干生长会略花费功夫。

首先要提高枝干的韵味，在枝杈上蓄力。以2~3年的时间培育一次果实，如此便可好好欣赏。不结果的年份，红叶若隐若现，也是风趣十足。

中文名	真弓
别　名	山卫矛
日文名	**マユミ**
学　名	*Euonymus sieboldianus*
分　类	卫矛科 卫矛属
树　形	模样木、斜干、文人木、半悬崖、悬崖

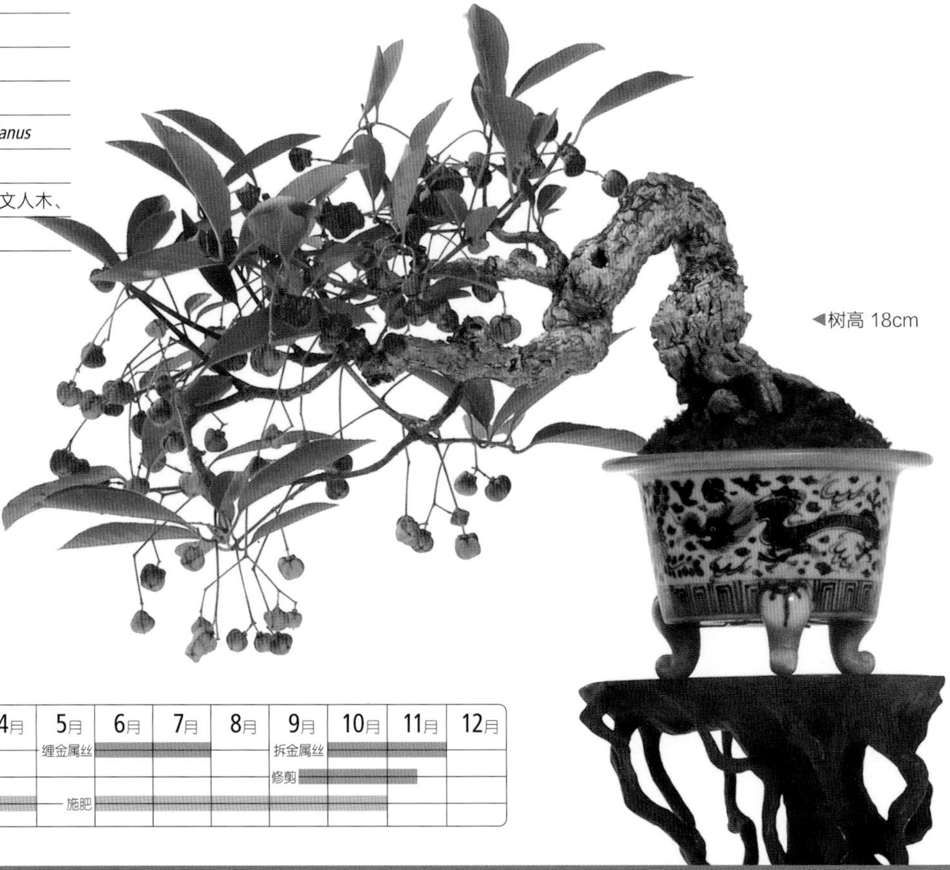

◀树高 18cm

栽培日历

1月	2月	3月	4月	5月	6月	7月	8月	9月	10月	11月	12月
移植	■	■		缠金属丝	■	■		拆金属丝	■	■	
	修剪 ■	■						修剪 ■	■	■	
		施肥	■	施肥	■	■	■	■	■		

日常管理小窍门

放置场所
结果年份初春时放在阳光充足的地方，塑造树形的年份则灵活放置在阴凉处。区分使用日照，这一点十分重要。

浇水
多浇水。因该树种具有干涸时柔弱的枝杈会干枯的性质，因此为防止干涸，在调整日照的同时应多花费功夫。

施肥
为枝杈增添力量，应多施肥。发芽时需用养分，因此在发芽之前和初夏之后修剪期间每月施肥一次。

移植
扎根早，但是等上2~3年的话，树木会更有力量感。建议结果当年的春天和第二年春天移植，随后的2年内不移植。

病虫害
预防发芽时的蚜虫。在树干上涂上杀虫剂。

培育—移植

为了给树木增加力量而持续培育的话，根部有时会发芽，由此发的芽称为『蘖』。

蘖发出后还暂时带有砧木的特性，因此有徒长的倾向。如有多个蘖，则生长态势多种多样。

有意识地获取此类『蘖』而开展的作业称为『修根』。

蘖的性质与砧木相同，这一点与扦插相同。若为嫁接苗，则另当别论。如果有了蘖，请尝试一下。

1 剪除较长的砧木的根，留下从蘖长出的细根，并整理细根，使其呈放射状。

朝着自己身体的方向从根部缠绕

2 树芽过长会不稳定，因此用金属丝从根部缠绕到枝梢。

固定到花盆上的金属丝

3 下方留出一截金属丝，以便之后固定在花盆上。

POINT
缠绕时注意不要伤到中途新发的芽

4 从花盆盆底穿过金属丝之后折弯，放入少量土之后固定树苗，然后撒上盆景用土。此处用的是小花盆，也可以用素烧花盆。

5 扦插结束。铺上一层水苔之后充分浇水。需要注意防止缺水。同时移植砧木，可以鉴赏两种盆景。

BEFORE

从砧木根部剪除并整理了根部之后的蘖。

AFTER

缠上金属丝并折弯后插入小花盆中，然后铺上水苔以防止干燥。

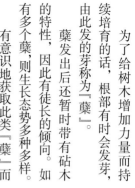

创作 — 缠绕金属丝

进入夏天之后，小树也会结果。您最好在这个时节决定是欣赏果实，还是塑造树形。如果是仅上部有枝杈的文人木，让它顺其自然即可。如果旨在制作模样木和悬崖式盆景，那么就要缠上金属丝，整理树形。

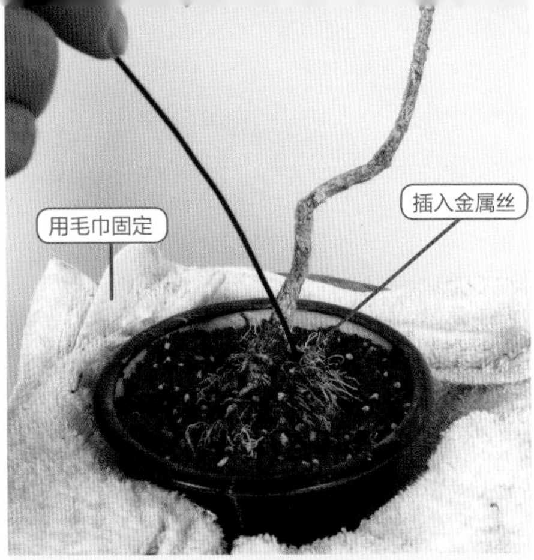

1

摘取果实之后，将金属丝的一端插入土中，另一端缠绕到树干上。缠绕时，在花盆下铺上毛巾，会降低操作难度。

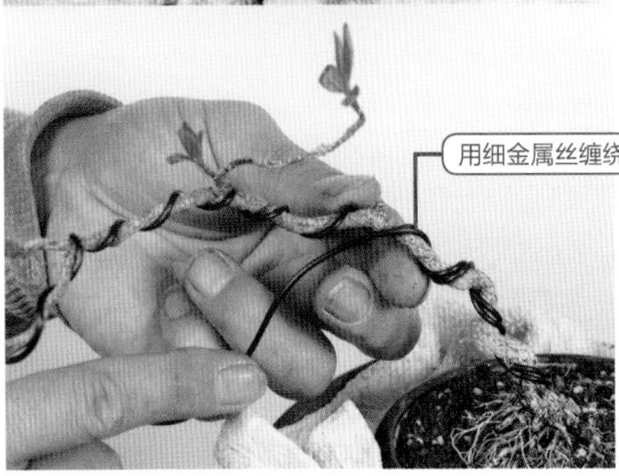

2

用细金属丝缠绕 2 ~ 3 层。沿树干走向缠绕会更容易，不会失手折断树木。

结果的小树。若想塑造成模样木和悬崖式盆景，则摘掉果实后整理树形。

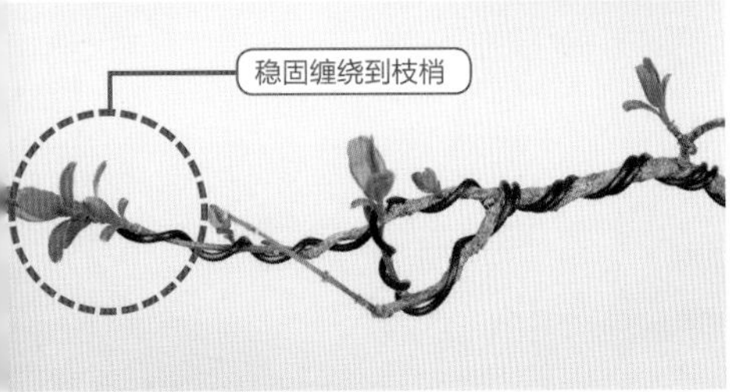

3

稳固缠绕到枝梢。缠绕时，剪除没有发芽的小枝和徒长枝。

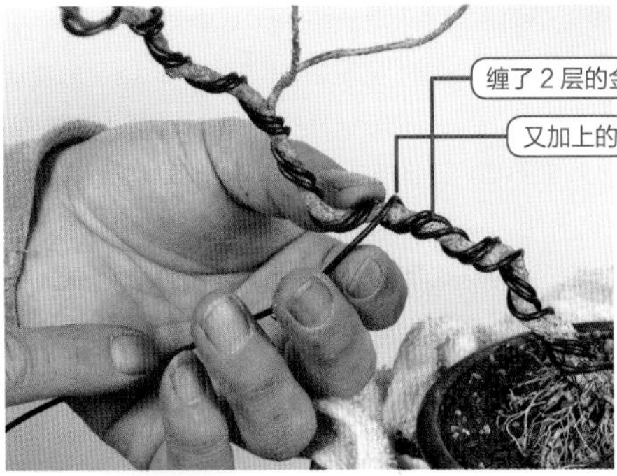

4

若想塑造细小的弯曲，则在刚刚缠绕的金属丝的间隙处再缠上一层。这样会增加折弯的难度，但是容易折出细小的弯。

完成之后，每天都要注意观察，防止金属丝长入树干。如果有长入树干的趋势，应去掉金属丝。去掉之后观察数日，如果树形长回原状，则重新缠上。如是反复。

5

折弯时，从凸起金属丝的一侧用力，则不易折断。如果左右弯曲、前后弯曲，并在上下部分别加上弯度，则更加具有立体感，饶有趣味性。

创作—修剪

为了增粗折弯的树干，因此拉直了顶部的枝杈。树干粗壮会突显沉稳感，因此，要修剪拉直了的枝杈。

此处可以看到，从根部长出了蘖（P167中移植到小花盆中的部分）。

剪掉枝杈，涂上愈合剂。左侧为移植时剪掉的蘖。

树干变粗，长势惊人，因此剪掉拉直了的枝杈。

1 树干和枝杈均相当粗壮，因此用锯慢慢切掉。注意不要折弯或剥落树皮。

2 切口大，浇水时会渗入水，因此务必涂上糊状的愈合剂进行保护。

盆景小知识

胡颓子木质坚硬，几乎不存在柔软性。一定要用锯切掉略粗的枝杈和树干。此外，也可以用斜口剪等工具切掉，但是易引起树干开裂

提高—制作范例

◀树高 14cm

制作范例—①

斜干盆景。果实压弯枝头，透过果皮可以看见红色的果实，感受浓浓的秋意。自此时起，至晚秋时均可观赏红叶。充分利用上部枝杈集中的特点，充分展现果实之美。

石榴

石榴原产于巴尔干半岛至伊朗及其邻近地区，全世界的温带和热带都有种植。于公元10世纪前后传入日本，并完全融入了日本的风土人情中。其园艺品种繁多，作为盆景，隶属矮生品种的姬石榴，幼苗期树干开始拧转的捻干石榴、大果石榴，果肉为白色的水晶大果等备受欢迎。春季红褐色的新芽和秋季泛黄的树叶也是石榴盆景的看点。

长成古木之后，可见其树干自然拧转的风采。这种树是维管束（由木质部和韧皮部成束状排列形成的结构）植物，维管束彼此交织连接，构成植物的输导系统。若枝杈干枯，那么树干、根部均会逐渐干枯。

石榴的舍利干的颜色如同烧焦了一般。避免修剪过多较为妥当。

栽培日历

作业	时期
施肥	4月～11月
摘芽	5月
切叶	5月～6月
移植	8月～9月
缠金属丝	8月～11月
拆金属丝	10月～11月
修剪	11月

中文名	石榴
别　名	安石榴、山力叶
日文名	**ザクロ**
学　名	*Punica granatum*
分　类	石榴科 / 千屈菜科 石榴属
树　形	模样木、株立、连根、悬崖、半悬崖

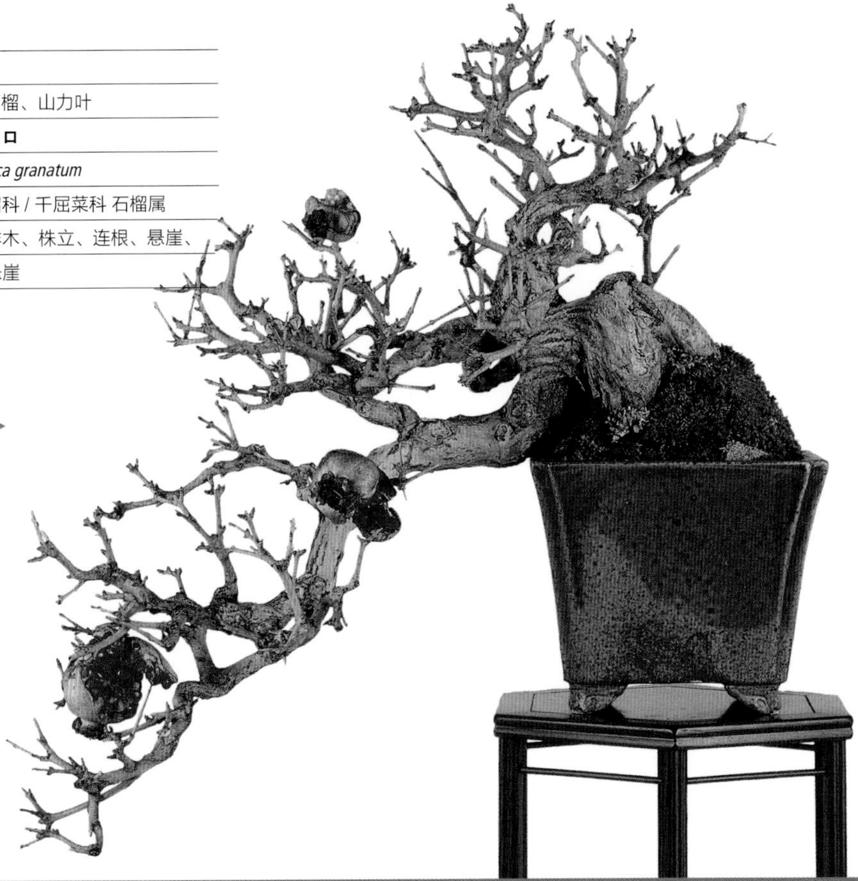

上下 30cm ▶
左右 34cm

日常管理小窍门

放置场所
喜阳光充足和较高的温度，因此生长在光照充足、温度稳定且通风良好处。冬季放在室内养护，初春时要尽早放置在寒冷处，来调整出芽。

浇水
表土干燥后充分浇水。多水环境下根部会虚弱，因此注意不要太潮湿。但是断水时，叶片容易掉落，因此也需多加注意。

施肥
施肥过多会导致难以结果。从春季到秋季，每月施一次缓释肥或液肥。

移植
每年移植一次，观察根部的长势，但要避免过度修剪。秋冬季过分修剪易引起干枯，因此务必在夏季执行该作业。

病虫害
需要预防新芽时的蚜虫。这种植物不耐药，因此需要多加注意。

创作 — 移植

避免过分修剪较为稳妥，但是万不得已时在夏季修剪可以促进恢复。

此处剪短十年以上树龄的树木根部，促进发根。

石榴枝和树干的伤痕易变成疙瘩，因此有时需要采取大胆的处理方式。

1
从花盆中拔出，然后抖落土，可以看到凹凸不平的粗根。

2
修剪细根，整理好根部后的状态。枝干上的伤痕是为了将其挖出而切断其枝干后留下的砍痕。

3
同时使用修枝剪和斜口剪（▶P29）修剪稍长的粗根。

4
切口处用刀斜削，这样细胞不会被破坏，而且恢复较快。

5
用金属丝按压，以使根部紧贴表土。如果不把粗根提前埋到土里，就会从根部长出细根。

BEFORE

根部凹凸不平，因此在移植时进行了剪叶，留下枝梢的新芽。

AFTER

移植完成。在根部的切口处涂上糊状愈合剂，加以保护。正值生长季的夏天，预计它马上会恢复生长势头。

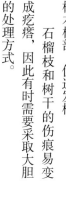

垂丝卫矛

垂丝卫矛与真弓（➡P166）均为卫矛属落叶小乔木，在中国、日本、朝鲜半岛都有分布。是山地和杂树丛中多见的树种，红叶和果实之美非常引人注目。

果实为鲜红的球状，下垂很长。卫矛属树木的果实各具特色，趣味各异，多样魅力让人难以割舍。

另一方面，枝杈间易出现间隙、下部枝杈易掉落是卫矛属树木的共有特征。枝干很坚硬，故塑造为模样木的难度较高，是难以塑造成『抑制形』的树种。

中文名	垂丝卫矛
别　名	球果卫矛
日文名	**ツリバナ**
学　名	*Euonymus oxyphyllus*
分　类	卫矛科 卫矛属
树　形	模样木、寄植、半悬崖、露根

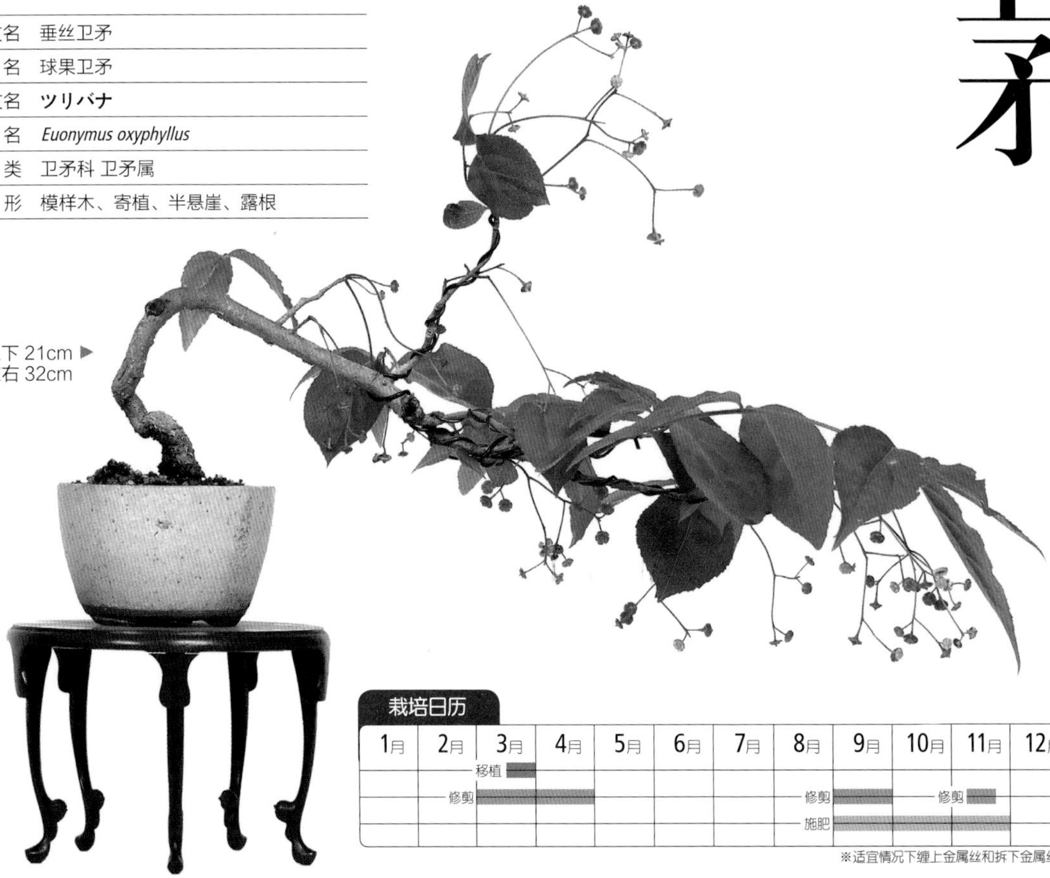

上下 21cm ▶
左右 32cm

栽培日历

	1月	2月	3月	4月	5月	6月	7月	8月	9月	10月	11月	12月
移植			■									
修剪			■	■					■		■	
施肥									■	■	■	

※适宜情况下缠上金属丝和拆下金属丝

日常管理小窍门

放置场所

原本生长在背阴处的树木，也可放置在向阳处培育。

浇水

注意生长期不可过度潮湿。花盆表土干燥后充分浇水，直至有水从盆底小孔流出。

施肥

在春天冒芽之前和越夏之后充分施肥。夏季结合长势用稀释后的液肥代替浇水。

移植

根部生长旺盛，若频繁移植，修剪根部，则可缩短节间。尽量每年移植一次。

病虫害

除预防新芽时的蚜虫外，枝干处易生介壳虫，引起煤污病，故应及早预防。另外，为防止生病，需定期喷洒杀菌剂。

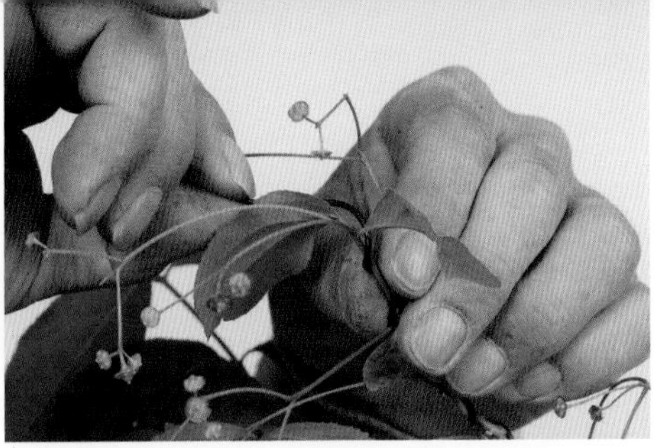

1 趁树木的茎为仍为绿色时，从枝杈根部缠绕金属丝。

2 枝梢柔软的部分用扁嘴钳固定，使金属丝牢固地缠绕。

3 缠好金属丝后，用双手按设想的树形小心地将其折弯。

创作 | 缠绕金属丝

垂丝卫矛枝干坚硬，树皮长出后金属丝会失效。即便短期内缠绕金属丝，拆掉后不久就会恢复原样。

若想塑造树形，则趁着枝干幼小、泛绿时逐渐缠上金属丝。

确定好树形，在开始生长时，尽早缠上金属丝，并将其折弯。结合枝杈的生长方向，反复缠上金属丝。

盆栽小知识

垂丝卫矛的果实的颜色在卫矛属中亦属浓重的红色。圆形果实裂开为 5 瓣，果实开苞之前为针插状，形状可爱。果皮和果实十分引人注目，对于鸟类来说也吸引力十足，故需要花心思进行驱鸟

BEFORE

从扦插开始慢慢塑造出的展现半悬崖风致的树木。

此处为塑造出不等边三角形的顶点，缠上了金属丝。

观赏果实和隐约展现红叶的秋日风姿。边观察枝杈的长势，边缠绕金属丝。

南蛇藤

南蛇藤是山地十分常见的垂吊类落叶树。黄色的果皮裂开后，可以看见红色果实。圆形果实惹人喜爱。冬季枝杈干枯，果实也不会掉落，故多用于花艺和圣诞树。

盆景中，可以欣赏晚秋果实的变种光果南蛇藤为叶面泛光的半常绿树种，在温暖地区不落叶。其生长旺盛，故适宜塑造树形。

雌雄异株，雄株不结果。花朵的雄蕊退化的是雌株，雄蕊不退化且开花的雌株有时可自花结果。无论雌雄，叶子均在秋季变成黄色或橙色，十分壮观。可以通过压枝和实生来进行种植，因此可以轻松、愉快地欣赏雌雄混株。

树高 13cm ▶

中文名	南蛇藤
别　名	金银柳
日文名	**ツルウメモドキ**
学　名	*Celastrus orbiculatus*
分　类	卫矛科 南蛇藤属
树　形	模样木、文人木、半悬崖、连根

日常管理小窍门

放置场所

喜光，坐果后在半阴凉处管理，可避免叶片损伤。树势衰弱时也在半阴凉处进行养护。

浇水

培育时多浇水。断水时叶片会受到损伤。如果无法多次浇水，就放在避免阳光直射的半阴凉处吧。

施肥

旨在观赏果实的年份从5月上旬开始停止施肥，直至9月再施肥。塑造树形的年份以每月一次的频率施肥，直至落叶。

移植

每年移植一次，并整理根部。但是旨在展览时，在观赏之前两年内不移植，花芽会增多。

病虫害

多生蚜虫和红蜘蛛，故应注意在出芽前喷洒杀虫剂。

培育 — 蟠扎实生苗

实生是指秋天采种后冷藏保存，第二年春天播种。等到这种实生苗笔直生长一段时间后塑造形态。一根根地折弯也是一种办法。

在苗芽稚嫩时拉网。拉网是在自然环境下获得弯曲的方法。

播种后发芽的幼苗中雌株和雄株各约占一半。

1 给幼苗盖上网（此处为驱鸟网）。为了避免遮光，选择亮色网。

2 用金属丝粗略地固定网。注意不要伤到幼苗。

3 如图，用金属丝固定好的样子。浇水，放置 7~10 天。

4 多次拉网之后幼苗生长的样子。长成有各种弯度的苗木。

BEFORE

春季播种（上一年秋季采摘的种子）后发芽的实生苗。朝着阳光笔直地生长。

AFTER

每 7~10 天拉网一次。直到夏季，苗木形成各种不同的弯度和方向。

金银花

金银花在日本分布于北海道南部到九州地区，是落叶灌木忍冬属植物的变种，叶和茎等几乎无纤毛。

树皮均易剥落，树皮剥落后露出白色肌干，与红色果实相得益彰。

不适于高温、多湿的环境，在温暖地带夏季会落叶。落叶的树木入秋之后发出新芽，冬季舒展叶片，非常耐寒，因此建议把夏季落叶的树木在入秋时进行移植。

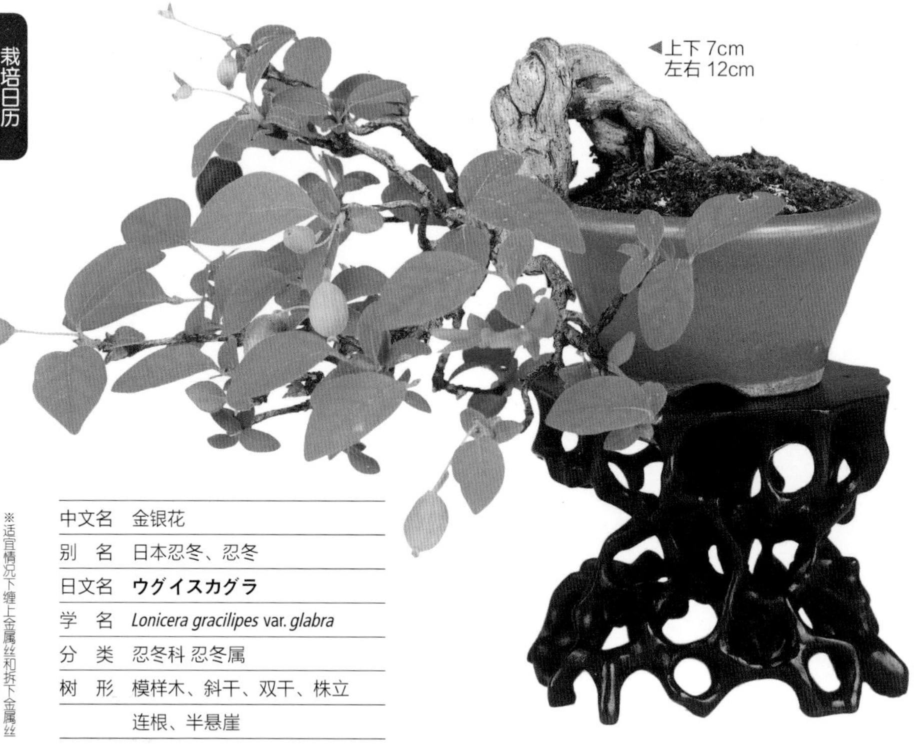

◀上下 7cm
左右 12cm

栽培日历

1月 2月 3月 4月 5月 6月 7月 8月 9月 10月 11月 12月

施肥　修剪　移植　压枝　施肥　修剪　移植

※适宜情况下缠上金属丝和拆下金属丝

中文名	金银花
别　名	日本忍冬、忍冬
日文名	**ウグイスカグラ**
学　名	*Lonicera gracilipes* var. *glabra*
分　类	忍冬科 忍冬属
树　形	模样木、斜干、双干、株立 连根、半悬崖

日常管理小窍门

放置场所
不耐酷暑和潮湿。在通风良好、透水性的环境下较易生长。冬季不加保护即可健康生长。

浇水
多浇水，但要注意提高透水性。夏季浇水时从上方浇洒至整个树木，可缓解酷暑。

施肥
通常2~10月施肥，夏季落叶的树木秋季会发出细根，因此从10月中旬开始至冬季持续施肥。2~4月的生长期多施肥，结果后停止。

移植
最好根据环境改变移植时间。一般春夏季落叶的树木在入秋时进行移植。

病虫害
需注意防除在树叶上如画图般留下痕迹的潜叶蛾幼虫和生活在树皮、枝干间的介壳虫。

创作 — 利用徒长枝

树木是生物，因此在自然状态下不会按照理想的树形生长。

虽然如此，但在剪叶、摘芽等时，如果存在『可能性』的苗芽，那么可以先任其自然徒长，等它稍大之后再做修剪，这可以说是一种拓宽可能性的方法吧。该作业为掌握基本修剪技法后的进阶技法。

1 为抬高粗壮枝杈，考虑施加必要的力量，用柔软的金属丝尝试塑形。

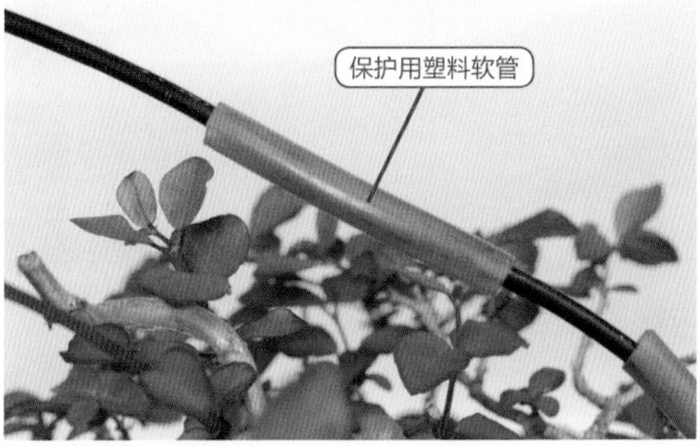

2 决定好造型后，将粗金属丝穿过塑料软管，可以避免枝干受伤害。

3 在土中插入金属丝，枝干部分用管子进行保护，轻轻抬起枝杈以进行缠绕。

4 稳稳抬高枝杈，缠上细金属丝，一直缠到枝梢，折弯成喜爱的造型。

BEFORE

摘芽时，无须摘掉芽尖（即将在梢部长出的幼芽）。

AFTER

用金属丝缠绕、抬高粗枝，剪掉新梢之后折弯、整姿。

南五味子

垂吊类常绿灌木。在野山中，常缠绕在杂木类上。形似鹿子饼（一种日本点心）和佛头的果实十分可爱，在盆景界备受欢迎。

树液润滑，将树皮浸入水中，制作出的液体曾作为整发剂，故称为『美男葛』。

一般为雌雄异株，也有雄株和雌株共生的同株。但如果都想观赏形状可爱的果实的话，建议人工授粉（➡P179『盆景小知识』）。多施肥会延长开花期，因此从初夏到入秋均有机会开花。

果实颜色一般为红色，但色调和颜色搭配会出现较大变异。宽大的锯齿状叶片也十分有趣。

栽培日历

月份	作业
1月	
2月	移植
3月	移植、施肥
4月	施肥
5月	施肥
6月	施肥
7月	施肥、修剪
8月	施肥、修剪
9月	施肥、修剪
10月	施肥、修剪
11月	施肥、修剪
12月	

※适宜情况下缠上金属丝和拆下金属丝

◀上下 22cm
左右 23cm

中文名	南五味子
别　名	红木香、美男葛
日文名	**サネカズラ**
学　名	*Kadsura japonica*
分　类	木兰科 南五味子属
树　形	模样木、斜干、悬崖 半悬崖、附石

日常管理小窍门

放置场所

放置在半阴凉处。即使在半阴凉处也会结果。但放置在向阳、通风处，枝杈不伸展。

浇水

喜水，花盆表土干燥后，给植物浇透水，直到水从盆底流出。

施肥

如果已开始坐花，那么持续多施肥的话，则开花至秋季。垂枝长长时，留下苗芽并适当剪短。短枝也会结果。剪短后多施肥，使枝杈可以自由地生长，这样之后较易塑造树形。

移植

1~2年移植一次，在3月进行。不开花的幼木可于6月进行移植。若扦插的是古枝，则于3~4月移植。新梢则于6月移植。

病虫害

无特别能造成实际损害的害虫。它是易于培育的树种。

创作 — 缠绕金属丝

因为垂吊性树木的树形本就没有什么造型，因此可塑造成各种树形。通过反复使枝杈长长、剪短，可使其枝干和枝杈逐渐变粗。剪短后缠绕金属丝可塑造树形。

增粗枝杈和枝干的要点在于叶片的数量。了解到枝杈的长长和变粗取决于从叶片获取的营养量的话，就可以进行有效修剪。

1 垂枝具有相当强的强度，因此要用较粗的金属丝塑形。缠绕时避开叶片和幼芽。

2 粗枝从树干开始缠绕 2~3 层金属丝，细枝从枝的根部缠到枝梢。

3 全部缠上金属丝的样子。每根均慎重折弯，然后整姿。

BEFORE

扦插第 2 年的苗木。这是任凭树木自然生长的状态。

AFTER

决定制作成株立式盆景后缠上金属丝。根据其长势保持叶数并反复修剪。

盆景小知识

南五味子的雄花和雌花可用花心进行区分。绿色为雌花，红色为雄花。用柔软的笔或棉棒将红色雄蕊的白色花粉人工授粉到雌花的黄色部分。早晨开花，因此应在上午 10 点前进行授粉

雌花

雄花

落霜红

盆景中可欣赏红色果实的树木种类繁多，但独占鳌头的可以说是落霜红。雌雄异株，但是只要培育一株雄株，十株雌株也可结果。落霜红是冬青科中罕见的落叶树。落叶之后，冬天的果实特别引人入目。

自然变异品种繁多，如黄色果实的黄果落霜红，白色果实的白果落霜红，枝叶、果实和花朵均十分小巧的矮生品种小叶冬青等，在盆景界均备受欢迎。此外，园艺品种也是多种多样，如大果实的『小豆属植物』、白色果实的『大戟属植物』、白色中混入橙色果实的『七宝树』、红色果实中带斑点条纹的『大青属植物』等。

◀树高 17cm

中文名	落霜红
别　名	大叶落霜红、硬毛冬青
日文名	**ウメモドキ**
学　名	*Ilex serrata*
分　类	冬青科 冬青属
树　形	模样木、双干、三干、株立、寄植

日常管理小窍门

放置场所
早春时放置在向阳处培育，易形成紧凑的树形。多雨时节放在屋檐下管理，易坐果。

浇水
根细且扎在表土附近，应注意避免过于干旱。花期用浸渍的方法（将花盆浸水）浇水较易坐果。

施肥
欲坐果的树木要控制施肥量。春季施肥，坐果后停止施肥。不坐果培育时夏季施液肥。

移植
根部生长旺盛，但不向下延伸，因此每年移植一次。

病虫害
预防蚜虫和白粉病。为预防介壳虫，冬季应在枝干上涂抹杀菌杀虫剂。

培育—移植

落霜红原本是自由生长在湿润的阴凉至半阴凉处的树木。无主根、根短且扎在地表附近，因此有倒伏倾向。根部生长旺盛，多长蘖（从根部长出的芽）。

此外，缺水一次，根部就会受损伤，并重新开始发根，直到第二年也多不结果。

了解这个特质之后，在培育时每年都需要进行移植。生长旺盛的细根每移植一次就剪短1/3~1/2。这是观察根部健康状态的绝佳机会。

移植也是与花盆搭配的机会。根浅，因此在深盆中培育，透水性好，长势惊人。不过该树种在浅盆中更易管理。

随着树的格调的提高，树木与花盆的搭配也更加耐人寻味。

1 从花盆中拔出；抖落土，并粗略整理根部。拔出时，约有 1/2 是土球。

2 鲜亮的黄色应该会衬托果实的颜色，然而花盆形状呈四角形，因此会给人生硬的印象。同时，花盆的存在感过强，会削弱树形的风格。

3 米黄色的花盆带有伸展性，会令人自然而然感到整个树形的巨大。同时强调了枝杈线条的优雅，洋溢着舒适的气氛。这一次搭配了这个花盆。

BEFORE

放在大花盆中培育的树木。

AFTER

通过搭配浅口延伸的花盆，从而使得这个盆景远看如同威风凛凛的大树。

创作—摘芽·修剪

叶片舒展时期，在枝梢处摘芽，落叶后反复修剪细枝。

花朵也会长在新梢上，因此剪得更短一些也无大碍。留下2~3颗芽，则上一年的结果处也会长出叶芽。

摘芽

修剪

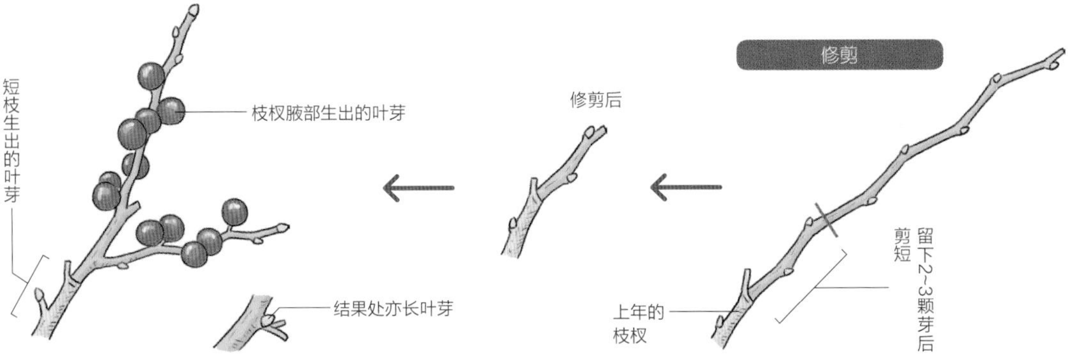

提高—制作范例

制作范例—1

此为由插条培育而成的袖珍果实园艺品种“血见愁”。从根部向左侧流动的线条和顶部构成稳固三角形的半悬崖式树形。树木处于幼年期，枝杈纤细，但结果多，让人心生希望。

树高 17cm ▶

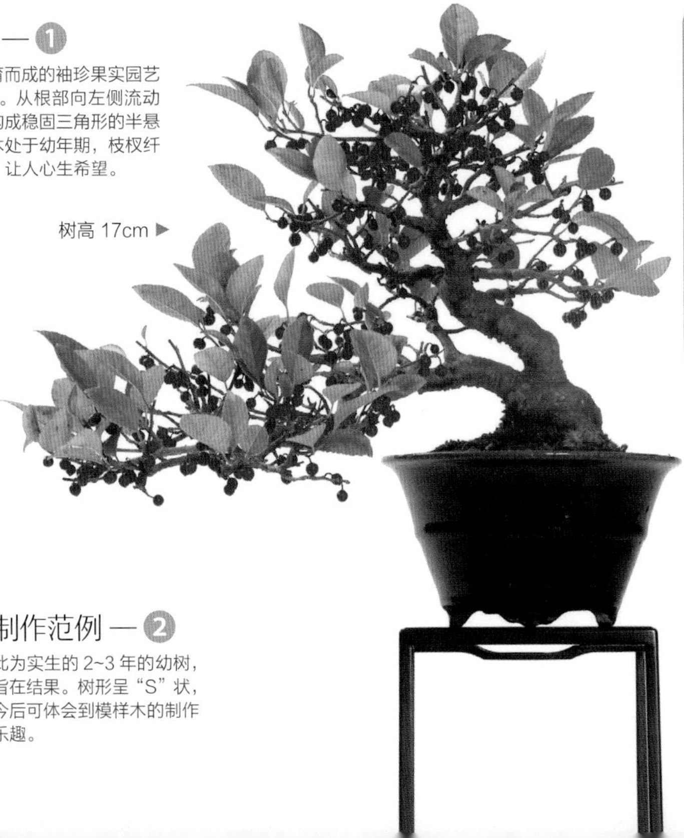

◀树高 18cm

制作范例—2

此为实生的 2~3 年的幼树，旨在结果。树形呈“S”状，今后可体会到模样木的制作乐趣。

西府海棠

在植物分类中，海棠的品种极其复杂，因此，『西府海棠』不仅是一种观赏苹果品种，也暂时作为几种海棠原种和自然交杂种的总称。

花朵和果实是海棠的主要看点。果实纤小的西府海棠、野海棠惹人喜爱。

海棠为种内不亲和性植物，因此需要与其他品种的观赏苹果共同培育。

观花品种中，垂丝海棠娇艳欲滴的粉色花朵惹人怜爱，其果实并不大。大花海棠绽放大朵美艳花朵，结椭圆形果实，与众不同。

西府海棠十分强健，插枝和插根均可较快恢复生长，是一种易塑造树形的树种。

栽培日历

作业	月份
修剪	1月～4月
移植	3月～4月
修根	3月
修剪	9月～11月
施肥	9月～11月

树高 9cm ▶

中文名	西府海棠
别　名	小果海棠
日文名	**カイドウ**
学　名	*Malus micromalus*
分　类	蔷薇科 苹果属
树　形	模样木、斜干、悬崖、半悬崖

日常管理小窍门

放置场所
初春放于户外，出芽时接受日照，叶片会变细小，今后管理起来会轻松。冬季放于无加温的室内进行管理。

浇水
盆土表面干涸后充分浇水。要注意叶片长大后容易缺水。

施肥
初春时控制施肥量，叶片会较纤小。如欲增添力量感，初春至开花期，每月施肥一次。过于枝繁叶茂时通过剪叶加以调整。

移植
根部堵塞、透水性变差之前移植。建议两年移植一次。

病虫害
耐病虫害，但是需要防除蚜虫和介壳虫。同时应注意预防根头癌肿病。

培育—插根

根部易生蘖的树种，可以通过插根来进行繁殖。用花盆培育时，长根在花盆中有各种各样的弯度，可以说这正是弯度的各种优秀例子。

西府海棠从扦插或插种到开花历时弥久，因此用嫁接苗可早日赏花。

插根时如果将根部逆向插入的话，则不会出芽，因此请注意不要混淆根部的上下部分。

1 从花盆拔出砧木时的状态。如图所示，卷曲的粗根是插根的绝佳素材。

2 大致用剪刀剪掉。该作业与移植砧木同时进行。

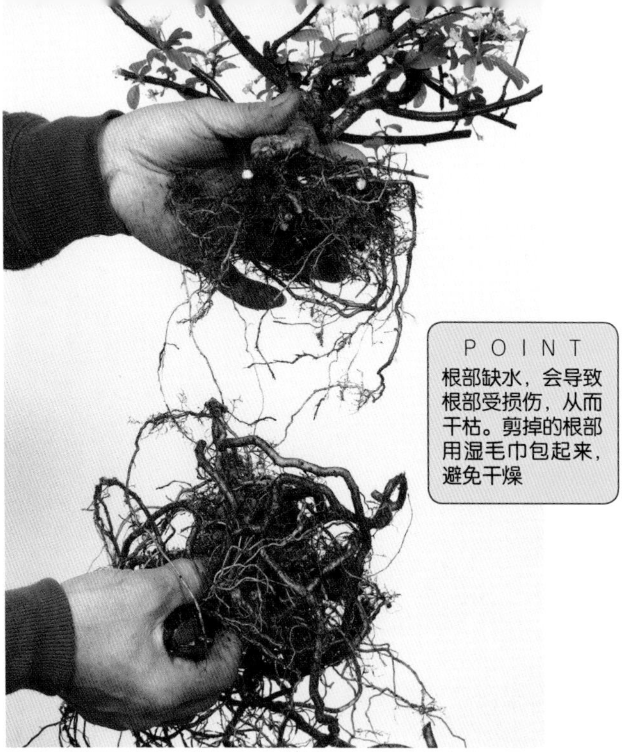
POINT
根部缺水，会导致根部受损伤，从而干枯。剪掉的根部用湿毛巾包起来，避免干燥

3 砧木部分留 1/3，去掉根部凝块。暂且先进行砧木的移植作业。

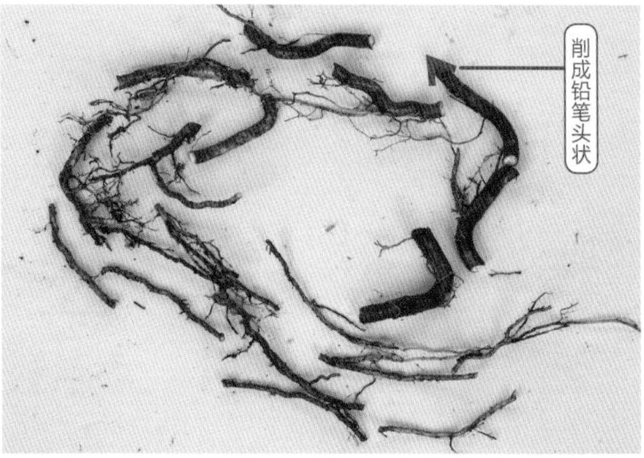
削成铅笔头状

4 选择值得弯曲的部分。细根也可插根。将无小根的粗根下侧梢头削成铅笔头状。

高出地表 5~10mm

5 在花盆内放入干净的用土，高出地表 5~10mm，然后插入选好的根。用土盖上，出芽后覆盖水苔，以防干燥。

上下 30cm ▶
左右 38cm

制作范例—❶

这是果实和枝杈修剪极好的半悬崖盆景，枝干模样趣味无穷。该作品整体协调感极佳，呈现出十分稳定的不等边三角形。可以很好地欣赏到西府海棠的美丽。

制作范例—❷

此为果实形状极具特色的姬苹果的园艺品种“姬美好”。犹如切碎了的弯曲线条十分顺畅、紧凑。与染色的花盆十分搭配。

◀树高 13cm

上下 17cm ▶
左右 28cm

制作范例—❸

此为与制作范例②相比，结果和出枝方法明显不同的姬苹果半悬崖盆景。枝杈分明，平衡度极佳。

卫矛

秋天，山野上的卫矛显现出鲜亮的红叶，引人注目。其红叶之美与花楸、野漆树（➡P118）相比，有过之而无不及。

众所周知，卫矛枝杈长有称为『箭羽花纹』的翼。不长翼的品种为变种，名为鬼箭羽。名称略显混杂，但是其性质与卫矛基本无异。也有处于中间形态、翼少的品种。

其特性是枝杈均带有弹力，长粗后难以折弯。这是制作盆景的理想特性，在缠绕金属丝塑造树形之际，处置起来较为容易，可欣赏多种多样的树形。

晚秋时，红橙色的果实十分亮眼。雌雄同株，一株即可结果。

栽培日历

作业	月份
移植	2月—3月
修剪	2月—3月
扦插	5月—7月
修剪	6月
施肥	5月—6月、8月—9月
缠金属丝	5月—7月
拆金属丝	8月—10月
修剪	10月—11月

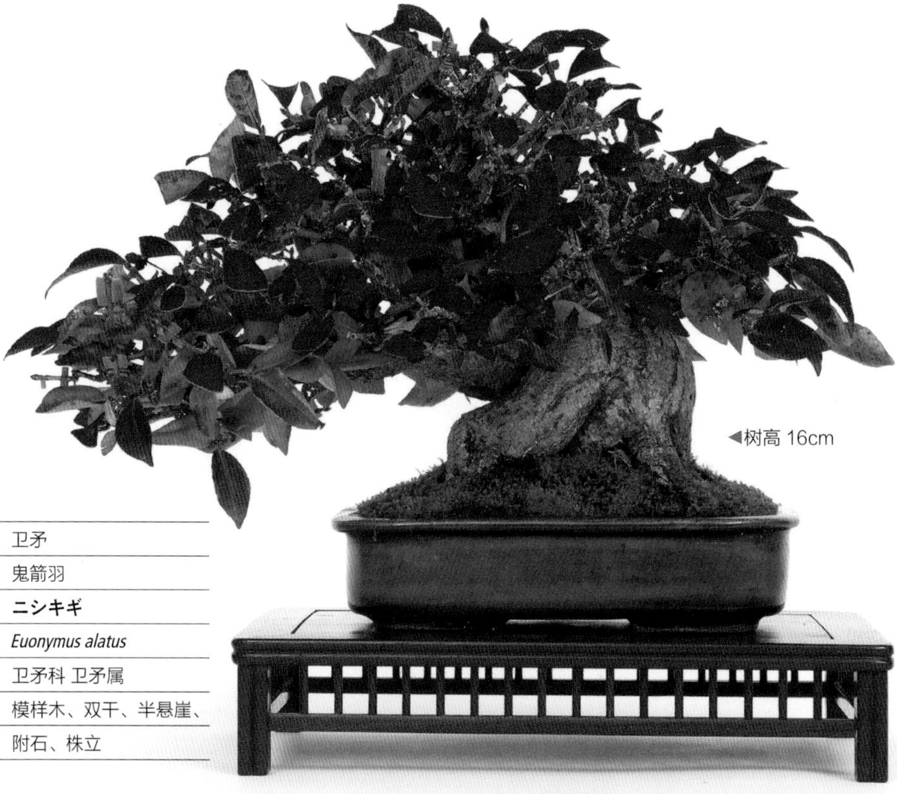

◀树高 16cm

中文名	卫矛
别　名	鬼箭羽
日文名	**ニシキギ**
学　名	*Euonymus alatus*
分　类	卫矛科 卫矛属
树　形	模样木、双干、半悬崖、附石、株立

日常管理小窍门

放置场所

在阳光充足的地方培育，红叶会更鲜艳。但若面向夕阳进行放置，那么叶片干卷如烧焦，因此仲夏请放在遮光处，冬季放在避寒霜处进行管理。

浇水

花盆表土干燥后要充分浇水。培育时注意透水性，不可过湿。

施肥

控制施肥量则红叶更美，因此9月之后便停止施肥。夏季根据实际情况，偶尔用稀释后液肥代替浇水，控制施肥量。

移植

根部生长旺盛，因此每年移植一次。细根密密麻麻地生长而出，为此在解开后要悉心整理，修剪较长的根部。

病虫害

用杀虫剂尽早防除长新芽时的蚜虫和枝干上的介壳虫。

培育—整枝

卫矛在小花盆中进行培育时，生长在枝头上的枝杈和叶片长势易显柔弱。卫矛的翼保护这些柔弱的枝杈，为此，古枝会自然脱落。

缠绕金属丝后折弯，比笔直生长更能给枝杈增添力度。枝杈受到控制，不易折断，因此可大胆地塑造弯度。

为使所有枝杈向阳，将枝杈舒展为放射状。防止徒长或枝叶重叠形成树荫，削弱下枝长势。

由此边修剪多余的枝叶，边依据设想的树形进行折弯。

剪枝不仅仅能塑形，同时可以保持营养状态均衡。

通过保持营养路径通畅，使枝干整体保持均衡，从而增添其力度。

1 伸展的枝头叶片中显现出违和的气氛。中心处叶片堆叠，下枝生长倾向徒长。

2 从粗枝开始缠绕金属丝，完成整棵树的缠绕。纠正为从遮光处获取日光而开始弯曲的枝杈，对开始有弯曲倾向的枝杈很有效。

3 决定每根枝杈的方向，使其呈放射状舒展。这个阶段不修剪。

4 折弯有徒长倾向的枝杈，使其成为一级枝。决定顶部、二级枝后，修剪从不等边三角形露出的部分。

从正上方俯视

从正上方俯视，枝叶均衡舒展。

◀树高 9cm

盆景小知识

2~3 月的休眠期和枝杈舒展的 6 月，这两个时间段适宜修剪。留下 2~3 颗芽之后剪掉。上一年枝杈的根部（卫矛是在翼的下侧）发出新芽，可以增加短枝

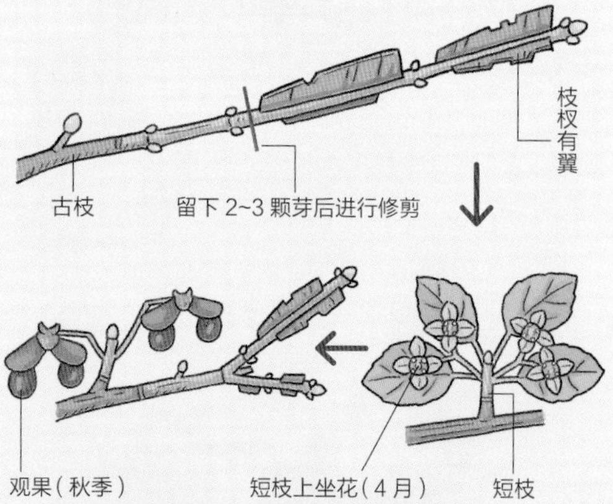

制作范例—1

根部的粗度充分展现扎根的深度，展现出紧凑度良好的大树风格。受到树种健壮力量的支持，可以期待进一步整姿后的状态，因此可以说是非常值得期待的作品。

◀树高 17cm

制作范例—2

自由舒展的树形与鲜丽的红叶相互映衬的半悬崖盆景。随后的季节，会结出惹人怜爱的果实。落叶后会呈现出纤细的枝杈。富有古木感的根部与花盆的搭配绝妙至极。

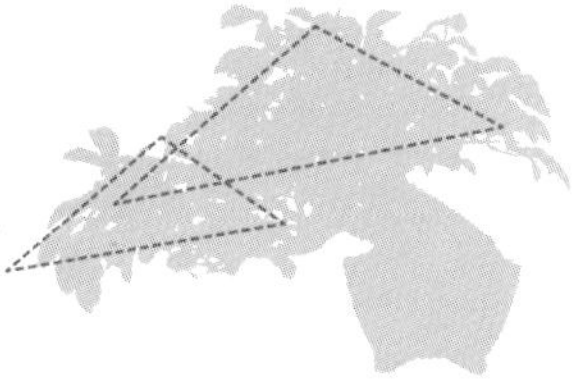

大小各异的不等边三角形搭配相差甚远，展现出如山峦高低起伏的远近之感和悠然自得。

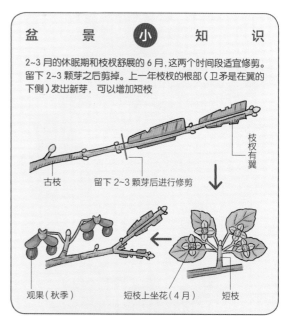

窄叶火棘

盆景中橘黄色果实的窄叶火棘和亮红色、黄色果实的火棘（通称为火棘属植物）统称为『窄叶火棘』。

以上均为十分健壮并可长期培育的树种，且性质各异。窄叶火棘（橙黄色果实）树叶有光泽，枝杈纤细，于6月形成花芽。另一种火棘的树叶为光面，枝杈笔直伸展，于10月形成花芽。

不同品种的火棘花芽形成期不同。早出花芽的窄叶火棘修剪后无花芽，因此叫作『无果火棘』。树形塑造后，窄叶火棘的枝杈风格非常独特。数年不结果，具有专注于塑造树形的价值。

栽培日历

月份	移植	修剪	施肥
1月			
2月		修剪	
3月	移植	修剪	
4月			施肥
5月			
6月			
7月			
8月			
9月	移植	修剪	施肥
10月		修剪	施肥
11月			施肥
12月			

※适宜情况下缠上金属丝和拆下金属丝

上下 16cm ▶
左右 20cm

中文名	窄叶火棘
别　名	狭叶火棘
日文名	**タチバナモドキ**
学　名	Pyracantha angustifolia
分　类	蔷薇科 火棘属
树　形	模样木、斜干、文人木、半悬崖、悬崖

日常管理小窍门

放置场所

放置于半阴凉处，光照充足则茁壮成长，易于结果。枝杈生长较快，因此可反复修剪，增加小枝。

浇水

多浇水，上根生长得就快。其特质是水分不足时枝杈会长出气生根，因此在根部多浇水吧。

施肥

塑造树形期间多施肥，增加芽数。结果时从4月前后持续少量施加富含磷酸的缓释肥。

移植

离表层近的上根容易增加，因此要谨慎地进行移植。根部修剪较短，移植后立刻多浇水也可恢复。

病虫害

几乎不用担心病虫害。结果时需要花费精力驱鸟。

培育—修剪

欲欣赏果实时，需要在花芽形成前两个月左右开始控制修剪较为稳妥。修剪后发出新梢，会消耗能量，进而会导致发花芽时力不从心。

窄叶火棘截止到4月，火棘截止到8月停止剪叶较为合适。之后剪掉老叶，然后进行调节，以免枝杈过度徒长。

用剪刀从老叶的根部一片片地剪掉。

BEFORE
POINT
棘状的短小枝杈上发出花芽处。务必注意剪掉这些地方的老叶，不要剪掉新芽
AFTER

叶片越大越能吸收阳光的营养。修剪徒长枝进行抑制时切勿修剪过度，花芽形成后再修剪徒长枝。

培育—选花盆

频繁移植窄叶火棘（统指窄叶火棘和火棘）并整理其根部，树形不易杂乱，方便管理。

树形形成后，借着移植之机，可以搭配花盆。充分利用这种树木的个性搭配花盆，才更能突出盆景的魅力。

窄叶火棘这种强健的树种搭配蓝色花盆，会大放异彩。

1 从培育盆中部拔出，剪短上根（匍匐表面的根部）凝块，切掉之后的状态。

提高—制作范例

制作范例—1

火棘属常绿树木，剪叶后展现落叶的寒树之趣。枝杈的细微之处巧妙至极，双干平衡极佳，是绝妙的佳品。

◀树高 18cm

3 树形与花盆的搭配显得很舒适。确认花芽已发后修剪徒长枝。枝干连绵起伏，弯曲之处分外显眼。

2 欲使其结果而延展枝杈，为此无须修剪即可移植。根据果实颜色、树干纹理、修剪后的树姿选择合适的花盆，这一点十分重要。

树高 20cm ▶

制作范例 — ❷

株立式窄叶火棘盆景。橙黄色的果实与绿叶交相辉映，美轮美奂。历经岁月的枝干肌理与明亮而肃穆的色彩相得益彰。可谓是代表了秋日的光辉。

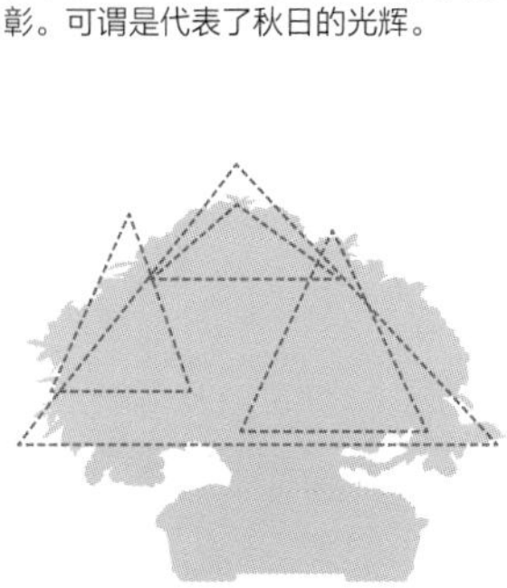

顶部圆润的三角形集合，展现较大的不等边三角形，因而显现出沉稳感。

山橘

柑橘类是最受欢迎的盆景树种。寒冬时节色泽鲜亮的果实惹人喜爱，叶片上泛有光泽的绿色清晰可见。枝干肌理易营造出古木感，可欣赏极具风格的树形。

据说难以栽培，但是若掌握其特性，则是容易栽培的树种。

虽说不耐寒，但也并非如此，只是在寒冬时应多浇水，这一点与其他树种略有不同。未能成功栽培的原因可能是人们在冬季容易控制浇水量，或是土地上冻后水分难以到达根部。

环境适应能力强，但是不适合急剧的环境变化。不可频繁移动，在屋檐下亦可茁壮成长。

栽培日历

月份	移植	修剪	施肥
1月			
2月			
3月			施肥
4月	移植	修剪	施肥
5月		修剪	施肥
6月		修剪	施肥
7月		修剪	
8月			施肥
9月			施肥
10月			施肥
11月			
12月			

※适宜情况下缠上金属丝和拆下金属丝

树高 12cm ▶

中文名	山橘
别　名	香港金橘、姬金柑、山金豆
日文名	**マメキンカン**
学　名	Fortunella hindsii
分　类	芸香科 金橘属
树　形	模样木、单干、双干、半悬崖、露根

日常管理小窍门

放置场所

若放向阳处，则一直放在向阳处；若放半阴凉处，则一直放在半阴凉处。放在同一场所会自然而然适应。对自然季节变化的适应能力强。

浇水

喜多水环境。严冬时节缺水会导致植株急剧变弱，这一点需多加注意。

施肥

与浇水相同，亦适合多施肥。肥料不足时枝叶干枯。观察叶片和芽的长势，调节施肥量。

移植

移植最好有一定的时间间隔。按实际环境2～4年移植一次。

病虫害

与蜜蜂相似的大透翅天蛾的幼虫会蚕食树叶，还会出现天牛，因此应定期防除。

培育 — 缠绕金属丝

山橘拥有长期放置枝杈会一直向上延伸的特性。同时枝杈变粗的话，也会很快变得坚硬，从而无法折弯。新芽开始生长时，就要尽早缠绕金属丝并将其折弯，塑造横向造型。

缠绕金属丝时以枝干为中心，如放射状伸展枝杈，可均匀接受光照，茁壮成长。

新梢柔软，用细金属丝谨慎地进行缠绕。

缠绕金属丝的要点

尽早折弯新梢

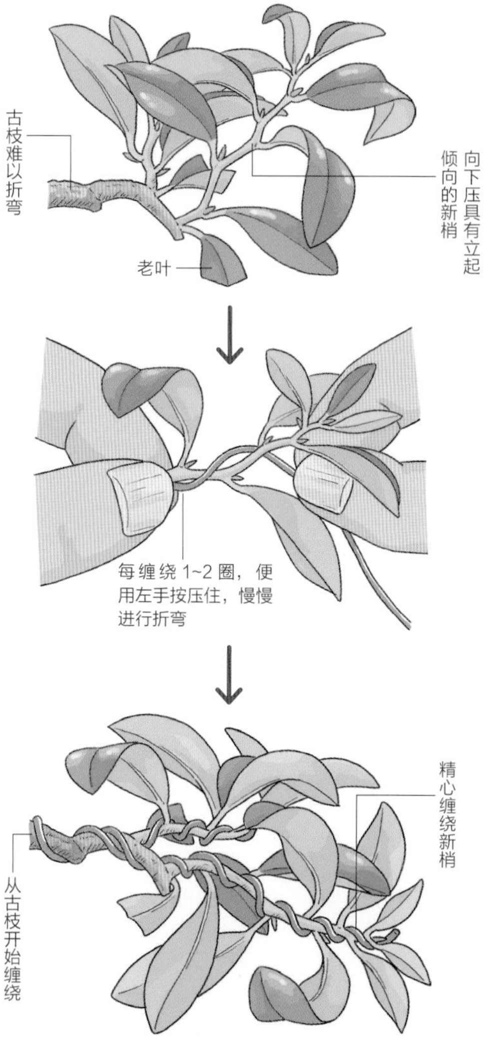

BEFORE

枝杈全部向上

AFTER

缠绕金属丝，使其呈放射状生长

在所有新梢上缠绕金属丝后，进行塑形，使各个枝杈呈放射状生长。随后每次修剪徒长枝，便固定枝杈。

山橘与其他树种相比，出芽晚，甚至到 5~6 月才出芽。发芽过晚时，通过剪叶可促进发芽。此时，从叶柄中部一片一片地修剪叶片。

徒长枝十分突兀，叶片紧凑，难以发出新芽。

粗略修剪立枝和徒长的部分，用金属丝向下按压缠绕。变粗的枝杈难以将其折弯，因此用粗金属丝慢慢施力，改变整个枝杈的走向。

剪叶时可看见立枝。修剪不要的枝杈，用粗金属丝按压缠绕。

最终留下 1~2 颗芽后修剪枝杈。通过施加这些刺激性动作，使芽从休眠状态中觉醒，开始发芽，新梢也会增加。新梢生长后缠绕金属丝，慢慢整理树形。

按压枝杈，修剪多余的枝梢，进行整姿。不久就会冒出新芽，长势惊人。

山野草盆景

KUSAMONO–BONSAI

伏石蕨、虎耳草、头花蓼、大文字草、
朝雾草、石菖蒲

伏石蕨

叶片比小拇指指尖小，富有光泽，洋溢着可爱的气息。无论是做成豆盆盆景，还是用苔藓做成苔玉都魅力十足。

中文名	伏石蕨
别　名	辰沙草、金锁匙、瓜子草、挂米草
日文名	**マメヅタ**
学　名	*LemmaPhyllum microPhyllu*
分　类	水龙骨科 伏石蕨属
树　形	单植、附石、寄植（丛林式）

盆径 4cm ▶

伏石蕨根茎伸展、分出新枝杈的树木造型与常春藤相似，但属于附着在岩石和树干上的常绿蕨类植物。

直径为5~10mm的圆形或心形叶片富有光泽，经常会在林间小道中看到。在园艺中用于覆盖植物。孢子叶细长，呈刮刀状。5~6月开始向上生长。在冬季，要注意防止受冻。

照片中的植物为近年来在日本纪州发现的『鸡冠状叶伏石蕨』，这是伏石蕨的一种变种。营养叶的顶端个性十足，备受人们喜爱。图中是直径为4cm左右的豆盆。这种迷你盆景，无论是基本品种还是变种，植物都能茁壮地生长。

可以放在整根移植过的作品或寄植造型的草本植物的缝隙间，或是借助附石来传达多岩石地区的感觉。是富有大自然气息的植物。无论采用哪种方式进行培育，都会给人留下深刻的印象。

日常管理小窍门

放置场所
放在向阳处可茁壮生长。营养叶厚实，可保留水分。但注意别让植物整体变干燥。

浇水
根部被称作『假根』，仅起到支撑的作用，无法吸水。此植物是通过植株整体吸收水分，因此最好用喷雾器来进行浇水。湿度过高，会导致叶片变软，变脆弱。

施肥
不用特意施肥。把少量液肥混合进水中，然后用喷雾器喷洒。

移植
修剪假根长出的根茎部分，然后放到土中进行固定。移植到石头上时，抹上泥炭土，过段时间后用线来捆扎。

病虫害
蛞蝓等害虫可能会啃食湿度过高而变软的叶片，不过健康的叶片不会受到病虫害的侵扰。

虎耳草

虎耳草是种植在背阴处也能茁壮生长的健壮、结实的覆盖类植物，伸展枝为紫红色的匍匐茎，根茎顶端长有子株，种植起来较为省事。众所周知，长有叶脉花纹的美丽叶片可食用，并且可用在天妇罗中。

5~7月，长出20cm以上的花茎，开出的花朵分为五瓣。上侧的三瓣较短，长有深桃红色的花纹；下侧两瓣较长，为纯白色，可爱无比。图中为拥有银色镶边和斑纹叶片的虎耳草。此外，还有在4~5月长出花朵的虎耳草、淡桃花色的红花虎耳草等。

虎耳草常作为盆景装饰，非常受欢迎。

拥有清晰白色叶脉的叶片非常美丽。若是豆盆，则用小型叶片进行点缀，可制作出工艺品般的作品。

盆径 3.5cm ▶

中文名	虎耳草
别　名	石荷叶、金线吊芙蓉、老虎耳
日文名	**ユキノシタ**
学　名	*Saxifraga stolonifera*
分　类	虎耳草科 虎耳草属
树　形	单植、寄植（丛林式）

日常管理小窍门

放置场所
生长在背阴的湿地。在盆中培育时，需要每天放到向阳处，接受几个小时的阳光照射，方可茁壮生长。避免阳光直射。

浇水
需要尽可能多地浇水。在盆中培育时，不耐干燥的环境，因此夏季要尽可能多地浇水。相反，到了冬季，湿度过大时会损伤根部，因此应进行干燥管理。

施肥
不用特意施肥。把少量液肥与水混合，然后用喷雾器来喷。

移植
将匍匐枝顶端的子株移到其他盆中，仅仅移到土壤中，以便其扎根。使用豆盆时，在根部周围加入排水良好的土壤，然后修剪无用的匍匐枝。开花后，母株会枯萎，因此需要尽早地修剪花穗与老旧叶片，以便养护生长。

病虫害
几乎不用担心。

头花蓼

◀盆径 3cm

中文名	头花蓼
别　名	石辣蓼
日文名	**ヒメツルソバ**
学　名	*Persicaria capitata*
分　类	蓼科 蓼属
树　形	单植、寄植（丛林式）

这是原产于喜马拉雅地区的蓼科匍匐性多年生草本植物，在盆景中称为『头花蓼』。攀缘状态良好，并且枝杈伸展，粉红色的球花惹人怜爱，『V』字形的叶片泛着红色，格调优雅。常作为覆盖植物，非常受欢迎。

比较强壮，但耐寒性较差，不可在寒冷地区的户外过冬。冬季，叶片颜色会变深。

在制作盆景时，剪短匍匐茎，然后进行培育。可观赏根茎弯曲的妙趣。花朵在 7~11 月绽放，在冬季也会继续绽放。

日常管理小窍门

放置场所
上午放在光照处，午后可放置在背阴处进行管理。一直放在背阴处，会导致叶片颜色变模糊，并且到了冬季容易枯萎，同时不易开花。

浇水
浇水过多，会导致茎节生长缓慢。此外，不耐湿度过大的环境。在培育时注意保持干燥。

施肥
施肥过多会导致茎节生长缓慢，影响盆景造型。要控制肥料用量，或使用稀释了的液肥代替浇水。

移植
在夏季选取种子，然后直接播种，当年秋季就可生长到可进行观赏的程度。通过插穗与春季分株进行繁殖。

病虫害
新芽会出现蚜虫，因此要与其他盆景一起进行预防性的喷洒杀虫剂的工作。

大文字草

中文名	大文字草
别　名	美山虎耳草、东北虎耳草
日文名	**ダイモンジソウ**
学　名	Saxifraga fortunei var. incisolobata
分　类	虎耳草科 虎耳草属
树　形	单植、附石、寄植（丛林式）

与虎耳草同属，并且相似度极高，不过它会在秋季开花。此外，花色与开花方式也不同，叶片造型的变化范围很广泛，这也是大文字草的特征。

花朵呈『大』字形，并有各种色调。图中为用色调极淡的桃色齿瓣虎耳草与兖州卷柏混栽制成的寄植式盆景。

在制作盆景时，要根据盆与植物造型的大小来调节叶片数量，进行均衡配置。多年后，通过此盆景可以体验到原野之风情。

日常管理小窍门

放置场所
最好经常在半背阴处进行培育，这样可很好地长出花芽。修剪变大的叶片。进入冬季，地面部分会消失，因此趁着在秋季时，尽早进行收拢，便可持久地保存叶片。

浇水
表层土壤变干时，需要充分浇水。如果湿度过大，叶片数量就会变多，从而逐渐消失，因此培育时需要保证良好的排水。

施肥
要注意避免施肥过多。在春季与花开过后，放置少量肥料即可。如果在排水状况良好的条件下进行培育，就不用施肥。

移植
可在早春与花开过后进行分株。会结有很多种子，但与母株上的花朵不一致。在播种时，不要覆盖土壤。

病虫害
会受到黏虫的啃食，因此将具有渗透性的药剂喷到每片叶片上。

朝雾草

春季到夏季，轻轻飘动着的银色叶片映衬着月光如惹人怜爱的女神一般。

拥有丝绢一般光泽的纤细银色叶片茂密、柔软，呈半球状，备受人们喜爱。在制作盆景时，除了能观赏到单植半球状的植物造型外，还可以按照图中所示的那样，制作成寄植盆景，来观赏与其他植物的组合。

照片中使用的为直径4cm左右、指尖可抓住的花盆。除了朝雾草，还有在冬季长有叶片的点地梅、兖州卷柏、早熟禾，一同展现出了一个精妙的小世界。早春时，朝雾草在老旧叶片的上侧长出新芽。

为了单独对植物进行防寒，从而保留老旧叶片。冬季，朝雾草那长长的根茎顶端的老旧叶片聚集在一起，蕴含着春季、夏季无法想象到的感受。

春季到夏季，植物的鲜明变化也是寄植式盆景的看点。

◀盆径 4cm

中文名	朝雾草
别　名	银叶草
日文名	**アサギリソウ**
学　名	*Artemisia schmidtiana*
分　类	菊科 蒿(艾)属
树　形	单植、寄植(丛林式)

日常管理小窍门

放置场所

为观赏植物那健壮的姿态，要放置在向阳处进行培育。老旧叶片会逐渐干枯，因此在新叶片长出期间进行剪除。到了冬季，则保留根茎顶部的叶片。

浇水

表层土壤变干，则需要浇水。用指尖触碰土表，判断土壤干燥状态。

施肥

春季与秋季放置肥料。当根茎顶端的叶片长势不佳时，可用稀释后的液肥代替浇水，效果显著。

移植

除了在春季进行分株，6~10月可以进行扦插。用筷子在土壤中弄出5~6cm深的小孔，然后种上斜剪过顶端的根茎。

病虫害

新芽上容易出现蚜虫。此外，湿度过大会引发霜霉病，此时需尽早修剪下侧的受损叶片。

石菖蒲

在小品盆景中，经常会使用拥有优美纤细的剑叶的石菖蒲来展现季节感。在树木盆景中也是一样，在底部配置上石菖蒲，便可扩大盆景的画面。

石菖蒲基本品种很多，包括叶片带斑纹的矮种栖川石菖蒲、极细叶姬石菖蒲等几款培育起来较为省事的品种。此外，与石菖蒲的科不同的庭菖蒲（鸢尾科庭菖蒲属）、岩菖蒲（百合科岩菖蒲属）也常用作山野草盆景与装饰。

图中为石菖蒲与兖州卷柏组合成的寄植式盆景。豆盆直径为4cm。

树木下的草，
草原上的景，
用豆盆演绎，
青翠欲滴，
让人心旷神怡

◀盆径 4cm

中文名	石菖蒲
别　名	金钱蒲、菖蒲、小石菖蒲
日文名	**セキショウ**
学　名	*Acorus gramineus*
分　类	天南星科 菖蒲属
树　形	单植、寄植（丛林式）、树下杂草

日常管理小窍门

放置场所
上午放置在向阳处，午后转移到半背阴处进行培育，便可茁壮生长。

浇水
生长在湿地，喜水。在制作盆景时，如果进行干燥管理，生长速度便不会太快。表层土壤变干后，需要浇水。

施肥
观察叶色的同时进行调节。叶色褪去后，便放置少量的肥料。肥料放置过多，会导致植株变大，容易失水。

移植
生长缓慢，因此通过分株进行繁殖。石菖蒲开花后，便逐渐长出种子，进行保存，等到春季再进行播种。

病虫害
虽然常有食叶昆虫，不过进行一般程度的除虫即可。这种植物容易被苔藓盯上，因此，不要铺苔藓。

苔玉的制作方法

此为用苔藓球来隐藏植物根部的新型山野草盆景——苔玉。树木与苔藓共生，舒适又惬意。可应用到各种植物中。

苔玉培育一段时间后，苔藓便自然地生长。有时各种植物种子也会飞入其中，从而长出嫩芽，催生出多种植物共生的小自然。

用花盆单独培育树木一定年月后，再进行整根移植。

曾经有一段时间，非常流行。苔玉作为室内装饰物，此方法通过使用固定起来不大费事的苔藓，来大幅缩短等待的时间。

苔玉可以使植物不受花盆的限制，免于遭受根系撑满花盆与干燥的困扰。对于培育的人来讲也是如此，可以清楚地观察到植物的轮廓。

树高 53cm ▶

合欢

合欢苔玉。合欢落叶后也可展现出苔藓球的绿色美感。合欢的枝杈不易长出，树干的根部容易变粗。个头变高后，在 3 月左右把嫩芽剪短到自己想要的长度。6～7月，便会绽放出花朵。

三角枫

将 3 根单干苗木统一种植到苔藓球中，制成苔玉。缠绕金属丝后轻轻地折弯，制作成盆景造型。可在常绿苔藓上观赏到三角枫的红叶与嫩芽。

◀树高 20cm

◀树高 28cm

粗齿绣球“红”

在粗齿绣球盆景的下侧添加山野草，制作成苔玉。在开花后对粗齿绣球进行修剪。

合欢苔玉制作

●除了植物，还需准备什么

❶铺苔（灰藓等）
❷木炭（抗氧化用）
❸泥炭土
❹基肥用固体肥料（缓效性，氮含量少）
❺盆底网
❻棉线
❼剪刀
❽小钳子
❾金属丝

1 把盆底网铺在下侧，然后依次铺上泥炭土、木炭、固体肥料，并铺上一层薄薄的泥炭土。

2 轻轻地弄掉土球的土，整理根部。放在盆底网上，用金属丝固定。

3 用泥炭土覆盖土球整体。根据植物的协调性来进行固定。

4 轻轻地缠绕棉线（黑色也可），旋转整体，均匀缠绕。

5 粘贴苔藓。弄薄铺苔，然后展开至原面积的1.5倍，均匀贴上。

6 再次旋转整体，然后呈放射状地缠上棉线。随着苔藓的生长，线会逐渐地被遮盖住。

著作权合同登记号：豫著许可备字 -2016-A-0021
SHASHIN DE WAKARU BONSAI DUKURI
supervised by Atsushi Tokizaki

Original Japanese edition published by SEITO-SHA Co., Ltd., Tokyo.
This Simplified Chinese language edition is published by arrangement with
SEITO-SHA Co. Ltd., Tokyo in care of Tuttle-Mori Agency, Inc., Tokyo
through Shinwon Agency Co., Beijing Representative Office

监修：时崎厚
合作方：社团法人全日本小品盆景协会、社团法人全日本小品盆景协会“秋雅展”执行委员会、社团法人全日本小品盆景协会相模支部、TOKIWA 园艺农业合作社花木中心
照片：艺术照企划（金田洋一郎）、时崎厚、社团法人全日本小品盆景协会、月刊近代盆景
摄影协助方：大和园、时崎常陆园、永乐园（永井清明）
插图：群境介、竹口睦郁
设计：志岐设计事务所株式会社（佐佐木容子）
撰稿协助方：Mulhouse
编辑协作方：株式会社帆风社

图书在版编目（CIP）数据

小品盆景 47 例 / 日本西东社出版社编；赵海天译 .—郑州：中原农民出版社，2018.3（2020.10 重印）
ISBN 978-7-5542-1808-2

Ⅰ. ①小… Ⅱ. ①日… ②赵… Ⅲ. 盆景—观赏园艺 Ⅳ. ① S688.1
中国版本图书馆 CIP 数据核字（2017）第 294581 号

出版：中原出版传媒集团　中原农民出版社
地址：郑州市郑东新区祥盛街 27 号
邮编：450002
电话：0371-65788662
印刷：河南新达彩印有限公司
成品尺寸：182mm × 233mm
印张：12.75
字数：150 千字
版次：2018 年 7 月第 1 版
印次：2020 年 10 月第 2 次印刷
定价：88.00 元